Hans Christ

Der kleine Taschentierarzt

Ein Ratgeber aus der Großtierpraxis

Leopold Stocker Verlag
Graz – Stuttgart

Umschlaggestaltung: Werbeagentur Rypka, A-8143 Dobl/Graz
Titelbild: sandid über Pixabay
Bildnachweis: Die Illustration stammt dankenswerterweise vom Autor.

Bibliographische Information der Deutschen Nationalbibliothek
Die Deutsche Nationalbibliothek verzeichnet diese Publikation in der Deutschen Nationalbibliographie; detaillierte bibliographische Daten sind im Internet über http://dnb.d-nb.de abrufbar.

Hinweis:
Dieses Buch wurde auf chlorfrei gebleichtem Papier gedruckt. Die zum Schutz vor Verschmutzung verwendete Einschweißfolie ist aus Polyethylen chlor- und schwefelfrei hergestellt. Diese umweltfreundliche Folie verhält sich grundwasserneutral, ist voll recyclingfähig und verbrennt in Müllverbrennungsanlagen völlig ungiftig.

Auf Wunsch senden wir Ihnen gerne *kostenlos* unser Verlagsverzeichnis zu:

Leopold Stocker Verlag GmbH
Hofgasse 5 / Postfach 438
A-8011 Graz
Tel.: +43 (0)316/82 16 36
Fax: +43 (0)316/83 56 12
E-Mail: stocker-verlag@stocker-verlag.com
www.stocker-verlag.com

ISBN 978-3-7020-2314-0

Layout: Ecotext-Verlag Mag. G. Schneeweiß-Arnoldstein

Inhalt

Hans Christ

Der kleine Taschentierarzt

stv

Vorwort

Die tägliche Praxis konfrontiert uns öfters mit Problemen, deren Lösungen von keinem Lehrbuch in zufriedenstellender Weise beschrieben werden!

Ich selbst hatte das Glück, im Laufe der Jahre mit einigen versierten und erfahrenen Kollegen zusammenarbeiten zu können und so wertvolle Kenntnisse zu sammeln, darüber hinaus war es immer mein Interesse, alte, zum Teil vergessene Methoden und Rezepte aus dem bäuerlichen Umfeld auf ihre heutige Tauglichkeit zu prüfen und sie gegebenenfalls in mein Behandlungsrepertoire zu integrieren!

Gemeinsam mit den gängigen Methoden der Schulmedizin oder sogar anstatt haben mir diese Komplementär- und Naturheilverfahren eine außerordentlich befriedigende Tätigkeit ermöglicht!

Ich möchte daher dieses Wissen an dieser Stelle weitergeben, um jungen Kollegen eine kleine Unterstützung zu bieten und Landwirten die Möglichkeit zu geben, bestimmte Symptome besser zu beurteilen, um abzuschätzen, ab wann tierärztliche Hilfe unumgänglich ist, oder aber mittels simpler Hausmittel den Fall selbst in den Griff zu bekommen!

Das vorliegende Buch kann selbstverständlich keinen Anspruch auf Vollständigkeit bzw. Alleingültigkeit erheben, es soll lediglich als Ratgeber und Problemlöser in häufig vorkommenden Fällen dienen und das Interesse wecken, sich mit der einen oder anderen Materie näher zu befassen.

Die angeführten homöopathischen Mittel können nicht einzeln nach ihren Arzneimittelbildern beschrieben werden, dies würde den Umfang des Buches sprengen, sie stellen lediglich bewährte Empfehlungen dar!

Ich habe nie die homöopathische Regel, bei akuten Zuständen niedere Potenzen, diese dafür öfter zu verabreichen, befolgt. Meine bevorzugten Potenzen waren *D30* oder *C30*, 2 bis 3 x täglich. Auch habe ich nie Globuli, sondern stets Dilutionen (d. h. Flüssigkeiten) verwendet, da sich diese unproblematisch zusammen mit einem anderen Medikament in der Spritze (muskulär oder über den Mund) applizieren lassen.

Schulmedizinische bzw. Komplexpräparate, d. h. homöopathische Spezialitäten verschiedener Hersteller, sind im Text mit Ⓜ gekennzeichnet, Hausmittel, die auf ein entsprechendes Kapitel hinweisen, mit ►►!

Es werden auch Akupunkturpunkte angegeben, da diese aber spezielle Kenntnisse bezüglich ihrer Lage erfordern, empfiehlt sich ein entsprechendes Nachschlagewerk!

Behandlungen, die der tierärztlichen Indikation unterliegen bzw. unter tierärztlicher Aufsicht ausgeführt werden sollen, sind mit **T** gekennzeichnet.

Zuerst die Basis!

Was ist Fieber?

Fieber ist keine Krankheit, sondern ein Symptom! Ebenso wie Untertemperatur!

Die normale Körpertemperatur beträgt beim

Rind .... 38,0–38,9 °C
Pferd .... 37,5–38,0 °C
Schwein .... 38,3–38,8 °C

Jungtiere können eine 0,5 bis 1 °C höhere Temperatur aufweisen! Beispielsweise können Fohlen bis 38,5 °C haben.

Neben **Infektion** und **Entzündung** kann auch Aufregung, eine hohe Umgebungstemperatur (z. B. Sonne), vorhergegangene Anstrengungen u. a. eine Erhöhung der physiologischen Werte bedingen!

Dagegen hilft der **Essigwickel**! Ein altes Leintuch mit eiskaltem Wasser, das mit einem gehörigen Schuss Essig versetzt wurde, durchtränken, auswringen (nicht klatschnass), um den Brustkorb schlingen, mit einer dicken Decke umwickeln und mit einer Strohpackschnur festbinden! Sobald das Leintuch trocken ist, abnehmen! 1 bis 2 x täglich wiederholen!

Homöopathie:

- *Aconitum* (gleich zu Beginn des Fiebers, verursacht durch Erkältung, Stress, Mastitis)
- *Belladonna* (wenn das Fieber schon einige Stunden besteht und die Tiere schwitzen)

Untertemperatur ist das Anzeichen einer Verminderung des Stoffwechsels, Versagen des Kreislaufes und Intoxikation (d. h. eine innere Vergiftung, z. B. durch Fütterungsfehler, Durchfall, Milchfieber).

Bei Jungtieren empfiehlt sich eine **Rotlichtlampe**! Wichtig: Die Lampe nicht einfach über dem Tier anbringen. Durch die Wärmekonvektion erhitzt sich die Luft über dem Körper und steigt nach oben, wodurch ständig kältere Luft von der Seite nachströmt, somit der Patient weiter auskühlt! Daher um das Tier einen Schutzwall bilden (mit Strohballen, Planen etc.), damit ein Wärme-See entsteht!

Nicht zudecken! Damit würde das niedergedrückte Fell seiner Isolationsfunktion durch den Luftpolster beraubt werden!

Atmung beurteilen

Die Atmung zu beurteilen, kann auch der Nichtmediziner! Man stellt sich schräg hinter das Tier und zählt die Atemzüge (Erweiterung des Brutkorbes).

Normal pro Minute sind:

Pferd	10–14	Fohlen	30–45
Rind	10–30	Kalb	28–40
Schaf	16–30	Lamm	20–40
Ziege	16–30	Kitz	20–40
Schwein	8–18	Ferkel	ca. 60

Erhöhte Atemfrequenz besteht nach Anstrengung, bei Hitze, Fieber oder Atemwegserkrankungen (Bronchitis, Lungenentzündung!).

Puls prüfen

Das Prüfen des Pulses erfordert etwas Fingerspitzengefühl! Man legt die Fingerkuppen sacht beim

- **Pferd** an die Unterkieferarterie (unterer Knochenrand des Unterkiefers) oder an die Hufarterie.
- **Rind** an die Unterkieferarterie oder Schwanzarterie (auf Höhe des unteren Winkels der Schamspalte).
- **Kalb**: an der Innenschenkelarterie.
- **Schaf, Ziege**: an der Innenschenkelarterie.
- **Schwein:** an der Innenschenkelarterie bzw. der Ohrarterie außen am Ohrgrund.

Man zählt die Pulsschläge 15 Sekunden lang und multipliziert sie mit 4!

Normalwerte:

Pferd	28–40	Fohlen	28– 40
Rind	60–70	Kalb	90–100
Schaf	60–80	Lamm	100–120
Ziege	60–80	Kitz	100–120
Schwein	80–100	Ferkel	kaum beurteilbar

Erhöhter Puls besteht nach Belastung, bei Angst und Stress, Herz-Kreislauf- sowie anderen Erkrankungen.

Wirkungsweise bestimmter Pflanzen

Kräuter und Pflanzen werden nach ihren Inhaltsstoffen in mehrere Gruppen eingeteilt.

Bitterstoffe: Sie regulieren die Verdauung und sind appetitanregend. Zum Einsatz kommen sie bei Appetitlosigkeit, Verdauungsstörungen aller Art, Blähungen und Leberinsuffizienzen.

Beispiele: Wermuth, Tausendguldenkraut, Enzian, Kalmus.

Gerbstoffe: Sie haben einen zusammenziehenden und daher beruhigenden Charakter auf irritiertes Gewebe und wirken austrocknend. Sie werden angewandt bei nässenden Wunden, Ekzemen, Geschwüren und Schrunden, bei eitrig-nekrotischen Prozessen im Huf- und Klauenbereich und bei Entzündungen des Verdauungstraktes, also in der Mundhöhle und des Darmes (Durchfall).

Beispiele: pulverisierte Eichenrinde, getrocknete und zermahlene Heidelbeeren, Blutwurz, Galläpfel, Wegwarte, Beinwell, russisches Teepulver, Schafgarbe, Habichtskraut.

Schleimstoffe: Sie besitzen die Eigenschaft, in Verbindung mit Wasser aufzuquellen und zähflüssige Lösungen zu bilden. Dadurch entsteht ein reizlindernder, einhüllender und teilweise kühlender Schutzfilm für irritiertes Gewebe, der vor weiteren Läsionen bewahrt. Ihr Einsatzgebiet erstreckt sich auf Entzündungen und Sekretionsstörungen im Magen-Darm-Trakt (Labmagengeschwür der Kälber!), Verstopfungen, Erkrankungen der oberen Atemwege (auswurffördernd) und schlecht heilende Wunden.

Beispiele: Eibisch, Käsepappel, Lein, Isländisches Moos, Königskerze, Reis- bzw. Haferschleim.

Saponine: Ihr seifenähnlicher Charakter verleiht ihnen eine reinigende, ausleitende und somit entgiftende Wirkung.

- Auswurffördernd bei Katharren und Bronchitis: Primel, Seifenkraut, Veilchen, Königskerze, Süßholz.
- Harntreibend: Zinnkraut, Hauhechel, Goldrute, Brennnessel.
- Lymphanregend: Brennnessel und Bruchkraut.

Scharfstoffe: Sie wirken durch vermehrte Durchblutung erweichend und auflösend bei chronischen Prozessen wie Abszessen, Phlegmonen, Bindegewebsverhärtungen, chronischen Entzündungen und Schmerzen im Bereich von Muskeln, Sehnenscheiden, Schleimbeuteln und Gelenken sowie bei Nervenlähmungen.

Das Auftragen und Einmassieren als Salbe, Tinktur oder Liniment darf nicht mit allzu großem Kraftaufwand geschehen, da sonst auch gesundes Gewebe mit einbezogen werden kann.

Beispiele: Senföl, Ingwer, Kalmus, Kampfer, Canthariden (spanische Fliege).

Ätherische Öle: Ihre flüchtigen (ätherischen) Substanzen kommen in Verbindung mit heißem Wasser zur Geltung. Daher eignen sie sich besonders gut zur Inhalationstherapie bei Atemwegserkrankungen.

Diese Maßnahme sollte 2 x täglich durchgeführt werden, entweder mittels einer über den Kopf gehängten Decke oder einem Sack mit gedämpftem Hafer vor der Nasen- und Mundöffnung (früher von Fuhrleuten angewandt).

Beispiele: Thymian, Eukalyptus, Kamille, Lavendel, Latschenkiefer, Fichtennadeln, Heublumen, Anis, Fenchel, Wacholder.

Salz besitzt zwar keine ätherischen Öle, wirkt aber ebenfalls schleimlösend.

Abortus, lebensschwache Kälber

Ein Abortus kann aus den verschiedensten Gründen schon einmal vorkommen. Wichtig ist es, danach zur nächsten Besamung einen anderen Stier bzw. überhaupt eine andere Stierlinie zu wählen. Wenn allerdings eine Kuh zweimal hintereinander die Frucht verliert oder ein totes Kalb zur Welt bringt, besteht die Gefahr, dass es wieder passiert. In so einem Fall verabreicht man der Kuh einmalig in der Mitte der Tragzeit eine Gabe von *Sulfur D30* bzw. *C30*.

Kälber, die nach der (Schwer-)Geburt kaum Reaktionen zeigen, können reanimiert werden, indem man ihnen eiskaltes Wasser großzügig im Schwall über den Körper gießt und sie danach an den Hinterbeinen hochhebt, sodass sie kopfüber hängen. Zusätzlich hilft eine Massage mit einer groben Bürste.

Ein wirksames Mittel ist die Akupunktur, die auch vom Laien einfach durchzuführen ist. Eine Nadel, es kann auch eine Stecknadel sein, wird entweder mitten in die Nase am Übergang von behaarter zu unbehaarter Haut tief eingestochen. Wenn dabei ein wenig Blut aus dem Nasenloch austritt, macht das nichts. Die zweite Stelle ist die Schwanzspitze. Hier sticht man die Nadel von hinten ca. 0,5 cm tief ein und bewegt sie ein bisschen. Gleichzeitig schüttet man dem Kalb Notfalltropfen (Bachblüten) in den Mund.

Abszesse

Abszesse entstehen durch infizierte Wunden, nach Blutergüssen und Injektion von gewebsunverträglichen Medikamenten sowie bei bestimmten Infektionskrankheiten wie Aktinomykose, Tuberkulose (Rind), Rotz oder Druse (Pferd).

Man unterscheidet

- **heiße** Abszesse: Rötung, Wärme, Schmerzhaftigkeit,
- **kalte** Abszesse: relative Schmerzunempfindlichkeit, dicke, derbe Ummantelung.

Therapie: Nicht zu früh eröffnen, erst, wenn ein flüssiger Inhalt tastbar ist. Vorbereitung: heiße Kartoffelauflagen, heiße Heublumen- und Leinsamensäckchen. Beim Aufschneiden immer die tiefste Stelle wählen, anschließend eine Abszesshöhlenspülung mit Wasserstoffperoxid, Käsepappeltee oder Lotagen®lösung durchführen.

Homöopathie: *Hepar sulfuris, Mercurius solubilis, Myristica sebifera*

Antibiotika nur bei septischer Tendenz zur Ausbreitung im Körper mit Fieber anwenden!

Acetonämie (Ketose)

Die Ketose ist eine Störung des Leberstoffwechsels und entsteht meist in kurzem Abstand nach der Geburt. Typisches Zeichen: Die Tiere verweigern das Kraftfutter!

Diagnose: Entweder sind Ketonkörper mit einem Schnelltest im Harn nachweisbar (unzuverlässige Methode), aussagekräftiger aber ist es, den Alarmpunkt der Leber mit einem harten, abgerundeten Gegenstand (z. B. einer runden Schere) abzudrücken. Er befindet sich auf der rechten Körperseite im achten Zwischenrippenraum (man zählt von hinten nach vorne). Da das Rind dreizehn Rippen besitzt, ist der erste Zwischenraum der zwölfte! Der Punkt liegt auf Höhe des Ellbogengelenkes. Es empfiehlt sich, zuerst die anderen Zwischenrippenräume der Länge nach von oben nach unten abzufahren, um das Tier daran zu gewöhnen und bei hochempfindlichen Patienten keine falsch positive Reaktion zu provozieren. Ist der Leberpunkt schmerzhaft, versucht das Tier nach links auszuweichen. Aber Achtung! Es kann auch zu Abwehrreaktionen (Ausschlagen mit dem Hinterbein zur Seite) kommen, welche manchmal sehr heftig sein können! Daher auf genügend Abstand achten!

Behandlung: Traubenzuckerinfusion sowie Kortison, Vitamin-B-Komplex injizieren, Propionat-Präparate® (gibt es auch im Lagerhaus) oral verabreichen. Letztere sollen schon prophylaktisch mindestens eine Woche vor der Geburt bis zwei Wochen danach täglich verabreicht werden!

Homöopathische Zusatztherapie (sehr empfehlenswert): Mischung aus *Lycopodium, Flor de Piedra, Carduus marianum.*

Manchmal tritt auch eine nervale Form der Acetonämie auf. Teils versuchen die Tiere dabei, eine Art Kopfstand in den Futtertrog zu vollführen, teils belecken sie ihre Körperteile stundenlang, sodass es durch die raue Zunge zu Hautwunden kommen kann.

Therapie wie oben plus *Aconitum, Cicuta virosa.* Bei komatösen Zuständen (Leberkoma) *Opium* anwenden.

Leberkoma bedeutet die schwerste Form der Ketose! Das Tier liegt dabei völlig apathisch am Boden.

Vorsicht!
Kann mit Milchfieber ►► verwechselt werden.

Unterscheidung:

- Milchfieber: Untertemperatur, harter bis gar kein Kot, die Nase ist **trocken**!
- Leberkoma: normale Temperatur bis Fieber, Kot ist weich bis dünnflüssig, die Nase ist **feucht**.

Bei Verdacht auf Leberkoma **nie** Calcium infundieren, zumindest nicht ohne vorherigen Leberschutz, und wenn, dann höchstens unter die Haut!

Aktinobakteriose/-mykose

Früher wurde diese Krankheit unter dem Begriff „Strahlenpilzkrankheit" zusammengefasst!

Es handelt sich um eine heute eher seltene Erkrankung. Man unterscheidet die Weichteil- und die Knochenform. Ausgelöst werden sie durch normal in der Mundhöhle vorkommende Erreger (Bakterien bzw. Pilze), die durch Verletzungen der Mundschleimhaut in das Gewebe eindringen können. Daher treten die Erscheinungen beim Rind auch vorwiegend im Kopfbereich auf, beim Schaf hingegen neben der Lippen-Nasen-Region auch am Euter oder der Lunge.

Es kommt zu erregerhaltigen, knötchenartigen Veränderungen im weichen Gewebe (sogenannten Granulomen), welche Entzündungen und Fistelbildungen auslösen. Daraus entleert sich ein meist graugrüner, grützeartiger Inhalt oder Eiter. Wird die Zunge befallen, spricht man von einer „Holzzunge". Diese wird druckempfindlich und verhärtet in zunehmendem Maße, sodass ihre Beweglichkeit und somit die Futteraufnahme eingeschränkt ist.

Bei der Knochenform entstehen meist an den Unterkieferästen oder dem Nasenrücken harte Zubildungen, die längere Zeit symptomlos bleiben, bis sie schließlich durch weitere Volumsvergrößerung schmerzhafte Zustände erzeugen können.

Wie gesagt, diese Erkrankung tritt nur mehr sporadisch auf, ich erwähne sie jedoch der Vollständigkeit halber, da ich in diesem Fall von jeder Behandlung abrate. Erstens müsste sie bereits im Frühstadium beginnen, zweitens ist sie bei fraglichem Erfolg langwierig und aufwändig. Früher hat man dazu Jodtinktur verwendet (Achtung: Gefahr einer Jodvergiftung!), heute kommt neben einer Antibiotikatherapie (Aminopenicilline, Tetracykline) auch die gleichzeitige chirurgische Entfernung zur Anwendung.

Die Frage nach der Wirtschaftlichkeit bleibt allerdings bestehen!

Allergie/Nesselsucht

Allergien können vielfältige Auslöser haben, wie z. B. Futtermittel, chemische Verbindungen, Medikamente, Insektenstiche usw. Die genetische Veranlagung spielt auch eine Rolle.

Symptome: Plötzliche auftretende Ödeme an Kopf, Geschlechtsteilen, Gesäuge und/oder Quaddeln (punkt- oder plateauförmige Erhebungen der Haut), Pusteln, Bläschen am gesamten Körper. Tränende Augen, Juckreiz, Speichelfluss, Unruhe. Wenn die innenliegende Halsregion betroffen ist, kann eine hochgradige Atemnot bis zum Ersticken entstehen.

Therapie: Abstellen der möglichen Ursache! Wenn ein akuter Notfall besteht, sofort Kortison oder Antihistaminikum spritzen!

Homöopathie: *Apis, Urtica urens, Histaminum, Calcium carbonicum* (3 Wochen lang täglich 1 x, vermindert die Rückfallsneigung), *Ignatia* (Nesselsucht am ganzen Körper), *Lycopodium* (Hautverdickung, Ödeme), *Ledum* (bei Insektenstichen), *Phosphorus, Nux vomica* (Arzneimittelallergie).

Phytotherapie: Abwaschen mit Brennnesselsud, Leinöl (bei nässenden Pusteln) oder Johanniskrautöl.

Alte Hausmittel

Blutegel: bei Blutergüssen, Euterentzündungen, Gelenks- und Sehnenscheidenentzündungen, Muskelverhärtungen. Können auf Bestellung in Apotheken bezogen werden. Mehrere Egel an der betroffenen Stelle ansetzen (unbedingt dazu eine Pinzette verwenden), nach spätestens 90 Minuten ist der Egel satt und fällt von alleine ab. Nie gewaltsam entfernen bzw. mit Salz bestreuen. Eine Nachblutung ist sogar erwünscht!

Buchenholzteer: Wirkt durch seine Gerbsäure austrocknend und dadurch gegen Bakterienwachstum. Anwendung bei Wunden und zur Nabelhygiene beim Neugeborenen.

Brennnesselsud: Zum Abwaschen von allergisch bedingten nässenden Hautstellen.

Durchfall: Flohsamen, Schafgarbe, getrocknete und pulverisierte Heidelbeeren, gemahlene Eichenrinde.

Eichenrindensud: Bei nässenden Hautwunden, Ekzemen. 1 Handvoll ½ Stunde lang kochen, ein Tuch darin eintauchen und auflegen.

Erdäpfelumschläge (Kartoffel-)/-kompressen: Bewährtes Mittel, um Abszesse schnell zur Reifung oder Hautgeschwülste zur Resorption zu bringen. Zubereitung: Die Erdäpfel mit der Schale kochen, zerstampfen und den Brei in ein sauberes Leinentuch (z. B. Serviette, Küchentuch) einschlagen und auflegen.

Heublumenbad: Bei altem Panaritium mit Eiterbildung im Saumbandbereich sehr empfehlenswert. Die Heublumen sieden, auf Körperverträglichkeitswärme abkühlen lassen und entweder das kranke Bein in einen Eimer stellen oder beim liegenden Tier ein gefülltes Plastiksäckchen um den Fuß befestigen.

Honigsalbe: Gutes Abszessmittel für Stellen, wo Erdäpfelauflagen schwer anzubringen sind. Zubereitung: Honig, Zucker, Roggenmehl, Bauernbutter zu vier gleichen Teilen miteinander vermischen. Nicht zu viel auf einmal anrichten, weil die Mischung ihre Streichfähigkeit verliert. 1 bis 2 x täglich auftragen!

Hopfensudtränke: Beruhigungsmittel bei Stress (z. B. Erstlaktierende mit Milchaufhalten), Appetitanregung durch Verstärkung der Magensekretion.

Mehltrank: Kräftigungsmittel nach der Geburt! Roggenmehl in warmes Wasser einrühren und den Eimer dem Muttertier als Tränke anbieten. Erfahrene Tiere nehmen den Trank gerne an, Kalbinnen sind oft so gestresst, dass sie ihn verweigern.

Salzwasser: Zum Inhalieren bei Bronchitis. Eine kleine Menge kochendes Wasser mit reichlich Salz vor das gut fixierte Tier platzieren, und ein großes Tuch über Gefäß und Kopf breiten. Inhalationsdauer: 5 bis 10 Minuten. Als Zusatz kann auch **„Taxach"** (Zweigstücke von Nadelbäumen mit deren ätherischen Ölen) zugesetzt werden.

Schnaps: Bei starken Nachwehen zur Verhinderung eines Gebärmuttervorfalls 1,5 Liter Schnaps mit 1 Liter Wasser verdünnt eingeben. Nach ca. 3 Stunden kontrollieren, ob die Wirkung noch anhält, andernfalls mit der gleichen Menge wiederholen.

Wickel: kalt, bei Fieber und Bronchitis: Ein Leintuch in mit Essig versetztes eiskaltes Wasser tauchen, **auswringen** und um den Hals oder Brustkorb legen. Darüber eine dicke Decke breiten und mit einer Strohpackschnur befestigen. Nach Trocknung des Leintuchs entfernen, eventuell wiederholen!

Wiederkaubissen: Wenn die Pansenflora geschädigt bzw. zerstört ist (z. B. nach Pansenacidose ►► oder Pansenfäule ►►). Diese Methode dient der Neubeimpfung des Magens mit gesundem Pansensaft. Einer wiederkäuenden Kuh den Bissen aus dem Mund nehmen und der Patientin zum Schlucken in den Schlund stopfen. Aber Achtung! Gelingt pro Spendertier meist nur einmal, danach ist es vorsichtig oder unterbricht die Wiederkautätigkeit für einige Zeit. Daher ist es notwendig, die Prozedur bei mehreren Tieren zu wiederholen.

Zimtstangen-Sud: Oral eingeben, regt die Wehentätigkeit an.

Besaugen/Lecksucht

Das gegenseitige Besaugen von Kälbern und Kalbinnen zählt zu den Untugenden! Oft handelt es sich um Langeweile oder es ist noch ein Saugbedürfnis vorhanden. Als Abhilfe und Vorbeugung dient ein Gummisauger mit enger Öffnung, sodass sich die Kälber beim Trinken anstrengen müssen. Man kann auch einen ausgedienten Sauggummi an die Wand nageln und ihn die ersten paar Tage mit Milch bestreichen. Häufig ist auch Durst die Ursache, ebenso wie das Mistfressen oder Wandbelecken. Ab dem 14. Lebenstag soll daher den Kälbern zusätzlich Wasser zur freien Entnahme, aber nicht aus dem Tränkeimer, sondern aus einem offenen Gefäß angeboten werden. Auch menschliche Säuglinge erhalten schließlich nach einiger Zeit nicht nur Muttermilch, sondern auch andere Flüssigkeiten, wie z. B. Tee!

Homöopathisch bieten sich bei jungen Kälbern 1 x täglich *Asa foetida C200*, bei älteren Tieren 1 x wöchentlich *Sulfur C200* an.

Kommt es zum Urinsaufen vom Nachbartier, ist *Calcium carbonicum C200* angesagt.

Bluterguss

Hämatome können zahlreiche Ursachen haben: Hornstöße, gegenseitiges Aufreiten, ungünstige Aufstallung, ständiges Wetzen an Gegenständen aufgrund von Pilz- oder Hautparasitenbefalls usw. Häufig findet man Blutergüsse am Triel, in der seitlichen Halsregion dicht hinter dem Kopf und an den Sitzbeinhöckern.

Symptome: plötzliche Umfangsvermehrung, teilweise schmerzhaft und berührungsempfindlich.

Behandlung: Als Erstmaßnahme kalte Kompressen anlegen, um eine weitere Einblutung zu stoppen. Bei kleinen Hämatomen eine HeparinⓂ- bzw. HirudoidsalbeⓂ aufbringen, Topfenumschläge anbringen oder Blutegel ansetzen. Die Eröffnung oder Punktion eines frischen Blutergusses soll vermieden werden, da es sonst durch den nachlassenden Druck zur Nachfolgeblutung und einer Infektion kommen kann. Frühestens nach zwei Wochen darf an einen chirurgischen Eingriff gedacht werden. Man eröffnet großzügig die Haut, sodass die Flüssigkeit spontan abrinnen kann, dann räumt man mit einem sterilen Handschuh die Wundhöhle von gestocktem Blut und Koagula (feste Blutgerinnsel) aus und anschließend wird mittels einer genügend großen Spritze und 10%iger **LotagenlösungⓂ** gründlich ausgespült.

Hat sich bereits Eiter gebildet, verfährt man genau so, muss aber die Spülung täglich wiederholen. Zusätzlich bringt man warme Umschläge an, um die Eiterbildung zu beschleunigen.

Homöopathie: Zu Beginn *Arnica, Bellis perennis, Hamamelis* und *Traumeel*, bei Eiterung *Hepar sulfuris.*

Phytotherapie: Auflagen von Apfelessig, Johanniskrautöl, Aloe vera und Rosskastanienbrei.

Hausmittel: Blutegel.

„Blutharnen"

Die Erkrankung, im Fachjargon Babesiose oder auch Piroplasmose genannt, wird durch von Zecken übertragene Einzeller (Protozoen) hervorgerufen und kommt vorwiegend in Gebirgsregionen beim Alm- bzw. Weidevieh vor. Betroffen sind hauptsächlich Jung- und Altrinder, kaum Kälber!

Diese Blutparasiten zerstören massenweise die roten Blutkörperchen, sodass der darin enthaltene Blutfarbstoff (Hämoglobin) freigesetzt und über die Harnwege ausgeschieden wird. Es handelt sich somit um kein echtes Blut, welches den Harn rot bis schwärzlich färbt, sondern um den für den Sauerstofftransport benötigten Farbstoff. (Blut ist aufgrund seines Zellgehaltes nicht imstande, die Filterung der Niere zu passieren. Wenn Blut im Urin vorkommt, stammt es immer aus der Niere selbst oder den darunterliegenden Harnwegen!)

Dadurch entsteht einerseits eine Anämie, andererseits ist Hämoglobin außerhalb der Blutzellen organschädigend, besonders für Niere und Leber. Nicht selten entsteht dadurch zusätzlich eine Gelbsucht ►►!

Das Hauptsymptom bleibt der gefärbte Harn. Im weiteren Verlauf kommen neben der Anämie auch Schwäche mit blassen bzw. gelblichen Schleimhäuten in Augen und Mund, Fieber, Durchfall, rascher Kräfteverfall mit Muskelzittern und schließlich Festliegen dazu. Ab diesem Zeitpunkt ist die Prognose fast aussichtslos!

Eine Behandlung, so sie erfolgversprechend sein soll, muss im Frühstadium einsetzen! Injektion eines Piroplasmen-Medikaments, bei schwachen Tieren eine Infusion von Traubenzucker und Leberschutzmittel, allenfalls eine Bluttransfusion **T**. Gegen den Durchfall helfen pansenstimulierende Präparate, Huminsäure- und Eichenrindenpulver.

Unterstützend können folgende **Homöopathika** eingesetzt werden: *Berberis, Cantharidis, Carbo vegetabilis, Lycopodium* (Leber!), *Hamamelis, Crotalis horridus*! Das wichtigste Homöopathikum bei allen Säfteverlusten ist *China*!

Es existiert auch eine vorbeugende Impfung!

Botulismus

Unter dieser Krankheit ist eine Vergiftung zu verstehen. Sie kommt zustande, wenn Aas unbemerkt ins Futter gelangt, z. B. die Kadaver von Mäusen, Hasen, Katzen usw. Auch eine Verschmutzung mit Erdreich kann die Ursache sein, ebenso schlecht vergorene Silage oder die Kontamination mit Vogelkot.

Verantwortlich dafür ist das *Clostridium botulinum*, ein toxinbildendes Bakterium. Diese Toxine schädigen das Nervensystem.

Besonders anfällig sind Rinder und Schafe, Pferde im geringeren Maße. Prinzipiell kann jedes Säugetier, auch der Mensch, an Botulismus erkranken.

Symptomatik: Sie beginnt zuerst am Kopf und breitet sich später auf den gesamten Körper aus. Die Tiere weisen am Anfang gestörte Kau- und Schlingbewegungen auf, durch die schlaffe Lähmung der Zunge ► kommt es zum Herausfallen des Futters und die Wasseraufnahme ist gestört. Auch Speicheln ist zu beobachten. Durch Lähmung der Darmmuskulatur kommt es zur Verstopfung, die bis zum Darmverschluss ► gehen kann. Allerdings kann zu Beginn auch Durchfall bestehen. Außerdem verliert das Tier den wichtigen Hustenschutzreflex, sodass Futterpartikel in die Lunge gelangen können und eine Aspirationspneumonie auslösen. Schließlich tritt der Tod durch Atemlähmung ein.

Die Prognose ist prinzipiell höchst ungünstig, sie hängt jedoch von der Menge der aufgenommenen Toxine ab. Sollte eine Behandlung dennoch in Erwägung gezogen werden, sieht sie folgendermaßen aus: Infusionen gegen die Austrocknung und den Elektrolytverlust, Antibiotika gegen das Bakterium, Vitamin-B-Gaben und die Verabreichung von Antitoxin-Serum. Letzteres ist als Prophylaxe auf jeden Fall angezeigt, wenn die übrigen Tiere im Bestand noch nicht erkrankt sind.

Homöopathie: *Agaricus, Arsenicum album, Belladonna, Botulinum-Nosode C200, Curare, Causticum, Laurocereasus.*

Bronchitis

Bronchitis ist die häufigste Erscheinungsform der Lungenerkrankungen. Erkennbar ist sie an Fieber, Fress- bzw. Saugunlust und Schweratmigkeit mit oder ohne Husten.

Beim Abhorchen der Lunge kann man verschiedene Geräusche hören. Besonders die Rasseltöne sind zu beachten, weil sie auf eine massive Schleimansammlung und manchmal auf ein Lungenödem hinweisen.

Auch hier gilt: So rasch wie möglich eine antibiotische Therapie einleiten, um die Verschlechterung zur generalisierten Lungenentzündung zu verhindern, die erstens einen längeren Behandlungszeitraum benötigt und zweitens hinsichtlich bleibender Organschädigung eine schlechtere Prognose besitzt. Da es sich bei den Erregern meist um Pasteurellen handelt, muss das Medikament u. a. gegen diese Bakterien gerichtet sein. Wenn das Tier bereits schnauft, sollte man sogenannte Depotpräparate (einmalige Dosierung mit Wirkungsdauer für mehrere Tage) vermeiden. Ich habe das immer so gehalten, weil mir die tatsächliche Wirkung zu unsicher war. Außerdem ist es im Falle eines ungenügsamen Erfolges schwierig, rasch auf ein anderes Präparat zu wechseln, da sich verschiedene Mittel gegenseitig negativ beeinflussen können und das Depot einen Fortbestand aufweist.

Deshalb immer mit einem 24-Stunden-Antibiotikum arbeiten, dafür 3 Tage lang durchgehend. Ein Entzündungshemmer ist dabei selbstverständlich. Kortison sollte aufgrund seiner immunitätsschwächenden Wirkung besser vermieden werden, außer es liegt ein massives Lungenödem vor und das Tier zeigt bereits Atemnot bei geöffnetem Mund.

Bei Infekten mit hohem Fieber ohne sichtbare Schweratmigkeit kann dagegen zur Prophylaxe gegen bakterielle Sekundärerreger durchaus ein Depotpräparat verwendet werden, da es sich meist um eine reine Virusinfektion handelt.

Zusatzbehandlung: Essigwickel um die Brust ►, Salzwasserinhalation ►.

Homöopathie: Ganz zu Beginn einer fieberhaften Erkrankung *Aconitum,* gefolgt von *Belladonna.*

Bei vorhandener Bronchitis: *Apis*, *Ipecacuana* (bei Schleimrasseln, Krampfhusten), *Ammonium jodatum* und *Cuprum aceticum* (Schwäche, Schleim löst sich nicht).

Heilpflanzen: Eukalyptustee: Die Blätter mit kochendem Wasser übergießen, 15 Minuten ziehen lassen, abseihen und mit Trinktemperatur mehrmals hintereinander oral verabreichen.

Teemischung aus Eukalyptus, Huflattich und Thymian: Zubereitung wie oben.

Weiter in Frage kommende Kräuter: Anis, Alant, Kapuzinerkresse, Malve, Bibernelle, Spitzwegerich, Kren, Zinnkraut.

Brunst, verlängerte

Normalerweise hat die Kuh einen Duldungsreflex von ca. ½ Tag, in dessen Zeitraum sie durch den Natursprung gedeckt werden kann. Zum Zeitpunkt der Künstlichen Befruchtung sollte sie jedoch nicht mehr „stehen“ (also keinen Duldungsreflex mehr aufweisen). Wenn aber die Brunst (sorgsame Beobachtung) länger dauert (mehr als 36 Stunden), ist die Aussicht auf eine erfolgreiche Befruchtung schlecht. Bei einer Doppelbesamung innerhalb von 24 Stunden habe ich nie große Erfolge gesehen, es sei denn, der Besitzer hat schon mehrmals die (bisher schwache) Brunst übersehen und diesmal bei den ersten Anzeichen die Besamung veranlasst. Stellt sich heraus, dass die Kuh erst am nächsten Tag die Vollbrunst erreicht, ergibt die Doppelbesamung Sinn.

Ansonsten besamt man zum üblichen Zeitpunkt (Duldung in der Früh, Künstliche Befruchtung am Nachmittag) und verabreicht gleich im Anschluss das Hormon Gonatropin[M] **T**.

Homöopathie: *Pulsatilla* (verzögerter Eisprung), *Aristolochia* (Follikelpersistenz).

Brunstlosigkeit, stille Brunst

Die Kuh steht da, als ob sie das Ganze gar nichts angehen würde. Manche Tiere zeigen wenigsten ein bisschen Brunstschleim, der nach ein paar Tagen aber auch wieder verschwindet.

Wenn keine Zysten ▶▶ vorliegen und die rektale Untersuchung entweder eine kleine Eiblase oder überhaupt inaktive Eierstöcke ergibt, dann kann man entweder schulmedizinisch verfahren, indem man Tabletten verfüttert oder die Spirale einsetzt, oder aber auf homöopathische Tropfen zurückgreifen, die in den allermeisten Fällen gute Ergebnisse erzielt haben. Es kommt nämlich auch vor, dass die konventionelle Hormontherapie wirkungslos bleibt. Meiner Meinung nach sollte man rechtzeitig, so die Zeit noch nicht drängt, die homöopathische Behandlung als Erstes starten, da die Schulmedizin, wenn erforderlich, dann noch immer erfolgen kann.

Homöopathie: Ein selbst zusammengemixter Cocktail aus *Aristolochia, Cyclamen, Pulsatilla, Follikulinum,* Östrogenum ***Hormeel*®*,*** *Agnus castus.* 2 bis 3 x täglich ca. 10 Tropfen eingeben. Nach ungefähr 3 Wochen (oft schon nach zwei) kommt es zu einer besamungswürdigen Brunst.

Liegt der Brunstlosigkeit hingegen ein auf Dauer bestehender Gelbkörper zu Grunde, heißt das nichts anderes, als dass das Tier bereits einen Zyklus gehabt hatte, der Gelbkörper sich jedoch nicht, wie es sich für einen anständigen Gelbkörper gehören würde, zurückgebildet hat und mit dem Hormon, welches er als Trächtigkeits-Gelbkörper bildet, um einen Östrogenschub und damit einen möglichen Abortus zu verhindern, keine Brunst zulässt.

Therapie: Entweder schulmedizinisch durch Injektion des Hormons Prostaglandin® oder **homöopathisch** mit *Luesinum* oder aber durch einfaches Abdrücken. Das muss aber sorgsam geschehen, die am Eierstock entstandene Vertiefung ist mit dem Daumen zu komprimieren, da es sonst zu Blutungen kommen kann.

„Dämpfigkeit“

Vorkommen: Typische chronische Pferdekrankheit!

Infektiöse Ursachen u. a.: Heustauballergien, Viren, Pilze, bestimmte Bakterien, zu warmes und stickiges Stallklima!

Es kommt zu einer unumkehrbaren Erweiterung der Bronchien (Lungenemphysem), welche durch Abhorchen und Abklopfen der Lungengrenzen einwandfrei festgestellt werden kann.

Symptome: Schweratmigkeit, trockener, keuchender Husten, Schwäche, vor allem in den Wintermonaten bei Stallhaltung.

Therapie: schulmedizinisch nicht aussichtsreich! Verbesserung der Haltungsbedingungen, viel frische Luft im Freien und einen gut belüfteten Stall.

Homöopathisch: *Drosera + Kalium arsenicosum + Kalium nitricum + Ammonium arsenicosum.*

Begleitmaßnahme: Um eine weitere Stauballergie zu verhindern, nur angefeuchtetes Heu verfüttern. Heukrippen über Kopf erweisen sich als schlecht, da die Tiere das Futter von unten her rauszupfen müssen und dabei den Staub einatmen.

Daher gilt grundsätzlich: Bodenfütterung!

Durchfall

Frühe Kälberdurchfälle gehören zu den häufigsten Erkrankungen im Stall. In einem Lebensalter von bis zu 2 Wochen stellen sie eine lebensbedrohliche Gefahr dar. Ausgelöst werden sie durch Rota- bzw. Coronaviren. Verschlimmert jedoch wird das Geschehen durch Colibakterien, welche prinzipiell in jedem Darm vorkommen, infolge der Darmentzündung und der dadurch gestörten Darmflora aber einen Überhang gewinnen. Unter diesen Colibakterien gibt es Toxinbildner, deren Gifte die übrigen Körperzellen, vor allem in den Nieren, schädigen. Das erkennt man nach überstandener Krankheit an den haarlosen Arealen am Tierkörper, besonders an den Hinterbeinen und am Kopf. Es sind die gleichen Auswirkungen wie bei einer Chemotherapie. Die Haare wachsen innerhalb einiger Wochen wieder nach.

Symptome: Gelber, wässriger Durchfall mit und ohne Fieber. Rasche Schwächung bis zum Festliegen. Dehydrierung (lässt sich an einer hochgezogenen Hautfalte am Hals feststellen), eingesunkene Augäpfel.

Großer FEHLER: Da die Milchaufnahme am ersten oder zweiten Durchfalltag noch erhalten ist, wird die Erkrankung nicht so ernst genommen. Erst wenn das Kalb nicht mehr trinkt („gestern hat es noch getrunken"), wird gehandelt. Bis dahin kann es aber oft schon zu spät sein. Man kann zwar die Coli-Keime noch umbringen, nicht aber die bereits gebildeten Toxine neutralisieren!

Behandlung: SOFORT beim ersten Anzeichen! Entzündungshemmer und ein coliwirksames Antibiotikum in der Mischspritze injizieren. 2 Tage lang Elektrolytpräparate mit pH-Puffer (z. B. Diacur®) und Huminsäurepulver (z. B. Dysticum®) verabreichen. Beim frühzeitigen Eingreifen erspart man sich aufwändige Infusionen und der Erfolg beträgt fast 100 %!

Sollte sich der Durchfall trotz Behandlung nicht bessern oder nach ein paar Tagen wiederkehren, liegt der begründete Verdacht vor, dass auch Kryptosporidien ► beteiligt sind. In diesem Fall ist der rasche Einsatz eines Kryptosporidienmittels unerlässlich!

Homöopathie: Maximal als Zusatztherapie! *Arsenicum album, Podophyllum* (wegspritzende Stühle), *Rheum* (sauer riechender, dünnbreiiger Kot), *Aloe, China* (bei Flüssigkeitsverlust). Die Mittel können auch in Kombination gegeben werden. *Mercurius solubilis sublimatus* (bei Blutbeimengungen).

Hausmittel: Eichenrindenpulver, getrocknete Heidelbeeren, Bananenmilch aus GRÜNEN Bananen, Karottenmilch (3 Karotten pro Mahlzeit eine Stunde lang kochen, pürieren und unter die Milch mischen).

Prophylaxe: Einmalige Rota-Corona-Coli-Impfung der trächtigen Muttertiere 3 bis 2 Monate vor der Geburt. Impfungen zu einem späteren Zeitpunkt sind nahezu wirkungslos, da die Kühe Zeit brauchen, um die entsprechenden Antikörper zu bilden.

Grauweißer Durchfall deutet auf zu viel aufgenommene Milch hin, daher die Tränkmenge individuell anpassen (siehe Kälberaufzucht ►►).

Homöopathie: *Calcium carbonicum.*

Euterpocken

Es handelt sich um eine Viruserkrankung, die sehr ansteckend (Melkzeug!) und auch auf den Menschen (Melker) übertragbar ist. Daher immer mit Handschuhen arbeiten! Zuerst entstehen Pusteln und Bläschen entlang der Zitze, die anfangs sehr berührungsempfindlich sein kann. Später platzen die Bläschen und es bilden sich entweder Krusten oder kraterartige Geschwüre mit gelblicher Absonderung.

Behandlung: 2 x täglich mit **Betaisodona**®-Tinktur die Zitze befeuchten, nach dem Abtrocknen mit Ringelblumensalbe bestreichen.

Homöopathie:

- *Traumeelsalbe*®, wenn zu Beginn Schmerzhaftigkeit vorliegt.
- *Berberis* und *Apis* bei Bläschenbildung.
- *Ranunculus bulbosus* und *Antimon crudum* im pustulösen Stadium.
- *Hepar sulfuris* bei Eiterung.
- *Hepar sulfuris* und *Variolinum-Nosode* 1 x täglich in die Nase sprühen!

Euter-Schenkelekzem

Nach der Geburt kommt es häufig zu einem schmerzenden und nässenden Ekzem zwischen Euter und der Innenseite des Oberschenkels aufgrund der Reibung des geschwollenen Euterviertels. Das Ekzem weist häufig einen stinkenden Charakter auf.

Behandlung: 2 x täglich die wunde Stelle mit 50%er **Lotagen**®-Lösung abwischen und von abgestorbenem Gewebe säubern, nach dem Abtrocknen mit Heilsalbe (Ringelblumensalbe) bedecken.

Homöopathie: *Hepar sulfuris* (bei Eiterneigung), *Pyrogenium* (wenn das Ekzem stinkt).

Fremdkörper

Ein verschluckter Nagel oder Draht kann lange Zeit im Pansen folgenlos verbleiben, aber irgendwann bohrt er sich durch die Vormagenbewegungen in die Schleimhaut, bevorzugt im Haubenbereich!

Symptome: sofortige Fressunlust, Milchrückgang, Temperatur 39,3 bis 39,4 °C, vorübergehende leichte Aufblähung in der linken Hungergrube, fester Kot. Bei länger bestehenden Fremdkörpererkrankungen kann die Temperatur gegen 39,8 °C ansteigen!

Diagnose: Prüfung der Head´schen Zonen. Dabei wird links und rechts der Wirbelsäule jeweils eine Hautfalte hochgezogen. Bei sensiblen Tieren kann man schon jetzt ein leichtes Stöhnen oder Anhalten der Atmung feststellen. Die eigentliche Fremdkörperprobe funktioniert folgendermaßen: Man hält das Stethoskope an den Halsbereich gepresst und lässt die andere Hand dicht über der Brustwirbelsäule schweben, während dessen man die Atemtätigkeit des Brustkorbes beobachtet. Gleichzeitig zu dessen höchster Ausdehnung bei der Einatmung kneift man mit aller Kraft die Wirbelsäule, sodass das Rind den Rücken durchbiegen muss. Stöhnen und Anhalten der Atmung sollten hier deutlich erkennbar sein. Besteht der Fremdkörper schon mehrere Tage, wird die Reaktion schwächer bis undeutlich, da sich die Entzündung ausbreitet. In solchen Fällen hilft es, die Kuh auf eine steile Rampe zu führen, z. B. auf die Auffahrt zum Heuboden, mit dem Kopf bergabstellen und die Probe zu wiederholen. Dadurch wird das Ergebnis wieder deutlicher.

Therapie: Keinen Magneten am Anfang eingeben! Die meisten Fremdkörper, wie z. B. Kupferdraht, sind heutzutage nicht mehr magnetisch, außerdem sitzt ein frisch eingestochener Fremdkörper ziemlich fest im Gewebe! Die Kuh dauerhaft vorne hochbetten, sodass bei einer gedachten waagrechten Linie von der Hals-Schulter-Partie zurück zum Schweifansatz mindestens eine Höhendifferenz von 20 cm entsteht! **Weniger ist unwirksam!** Penicillin und Novalgin® spritzen! Das Tier aushungern, sprich, 24 bis 36 Stunden kein Futter geben! Am nächsten Tag (2. Tag) eine halbe Ration füttern, aber nur trockenes Heu! Am darauffolgenden Tag (3. Tag) die volle Ration füttern, aber ebenfalls nur trockenes Heu. Am 4. Tag normal anfüttern, als wäre nichts gewesen! Das Rind sollte daraufhin fressen, als wäre nichts gewesen! Die konsequente Hochstellung muss unbedingt eine gute Woche bis zehn Tage beibehalten werden! Der Fremdkörper kapselt sich während dieser Zeit ab und die Stichwunde verheilt in nahezu allen Fällen! Sollte es jedoch zu keiner Besserung am 4. Tag gekommen sein (schlechte Heiltendenz), dann ist (weil der Fremdkörper dann locker sitzt) der Versuch mit einem Magneten (habe ich keine 10 Mal in meiner Praxiszeit gemacht) sinnvoll, ehe man zur Operation schreitet.

Um die Diätphase zu mildern, sollte dem Tier während dieser Zeit täglich ein den Pansen stimulierendes Pulver eingegeben werden!

Gallen

Es handelt sich um flüssigkeitsgefüllte Schwellungen an Gelenken, Sehnenscheiden und Schleimbeuteln. Als Ursachen kommen in Frage:

- Überlastung (z. B. Reiten auf hartem Untergrund)
- Fütterungsfehler (zu kohlehydratreiches oder eiweißhaltiges Futter)
- Bewegungsmangel
- Quetschungen (Transport, Aufstallung, Huftritt)

Symptome: In vielen Fällen unschön, aber ohne große Beeinträchtigung wie Lahmheit und Schmerzhaftigkeit. Kommt es jedoch zu einer bakteriellen Infektion durch Hautverletzungen, treten typische Entzündungsmerkmale wie Wärme und Druckempfindlichkeit auf.

Behandlung: Zuerst versucht man es mit Ruhigstellung und resorbierenden Einreibungen mit Kampfer oder Lärchenpech. Bei Wärme kühlt man mit Menthol oder Umschlägen aus Topfen und Salz. Bei Bestehen der Schwellung ist die sterile Punktion und nachfolgende Instillation von Kortison angezeigt. Infizierte Schleimhautentzündungen benötigen lokale Antibiotikaanwendung.

Homöopathie: *Arnica, Bryonia* (bei Schmerzen), *Apis, Rhus toxicodendron.*

Phytotherapie zum Auftragen: Weißer Zaunwurz, Labkraut (wirkt zusammenziehend, heißt nicht umsonst *Gallium verum*), Anis, Ingwer (entzündungshemmend, entwässernd, wird aber von manchen Pferden schlecht vertragen, daher langsame Dosissteigerung), Absud von Löwenzahn + Brennnessel + Weißdorn + frischen Hagebutten.

Zwiebel- oder Sauerkrautumschläge: 2 x täglich wechseln.

Gebärmutterentzündung

Die Gebärmutterentzündung entsteht vorwiegend nach unhygienischer Geburtshilfe oder Nachgeburtsverhalten ▶▶.

Symptome: Normalerweise ist sie leicht zu erkennen: länger andauernder Ausfluss nach der Geburt (meist mehr als 10 Tage), welcher unterschiedliches Aussehen aufweisen kann: rötlich-wässerig oder dickflüssig-eitrig und auf jeden Fall mit fauligem Geruch verbunden. Oft strecken die Tiere den Schwanz weit ab und krümmen den Rücken. In bestimmten Fällen kommt es auch zur Sepsis, die sich durch herabgesetztes Allgemeinverhalten, Fressunlust und Fieber auszeichnet.

Behandlung: Antibiotika (ich habe hauptsächlich TylosinⓂ intramuskulär dafür verwendet) plus Entzündungshemmer! Lokale Gebärmutterbehandlung: Uterusspülung mit 4%iger LotagenⓂ-Lösung (25 Milliliter Lotagen-Konzentrat auf ½ Liter sehr warmes Wasser).

Homöopathische Begleitung: *Sabina* (bei rötlichem Ausfluss), *Pulsatilla* + *Hepar sulfuris* (bei eitrigem Ausfluss), *Secale cornutum, Lachesis* und *Pyrogenium* bei fieberhaften Zuständen. Unterstützend kann man auch das Einbringen von EM (Effektiven Mikroorganismen) in die Gebärmutter und warme Scheidenduschen sowie eine Teemischung aus wildem Indigo, Knoblauch und Sonnenhutwurzel oral versuchen.

Gebärmuttervorfall

Sie tritt gerne nach Leicht- oder Spontangeburten auf, wenn noch eine Wehentätigkeit vorhanden ist, die Gebärmutter aber bereits leer ist. Einen unmittelbar nach dem Auszug der Frucht erfolgenden Gebärmuttervorfall kann man nicht verhindern, wohl aber einen nachträglichen. Bei starken Nachwehen gibt man der Kuh so schnell wie möglich Schnaps ein. Mindestens 1½ Liter von ca. 40 Vol.-% mit 1 Liter Wasser verdünnen. Wehen sind eine Reflextätigkeit und Besoffene haben verminderte Reflexe. Nach spätestens 3 Stunden muss das Tier erneut kontrolliert werden, da die Alkoholwirksamkeit in dieser Zeit nachlässt. Im Bedarfsfall die Prozedur wiederholen, oft ist das sogar mehrmals notwendig. Die schulmedizinische Methode des Kreuzstiches hält auch nicht länger an! Mein persönlicher Rekord bei einer Kalbin beträgt 4½ Liter Obstler während einer Nacht, aber ohne negative Folgen.

Ist die Gebärmutter jedoch bereits ausgetreten, dann bedarf es vorbereitender Maßnahmen, bis Hilfe durch den Tierarzt eintrifft. Platz schaffen, damit kein Nachbartier drauftritt, das Organ in ein altes Leintuch einhüllen und beständig mit kaltem Wasser berieseln, damit es zu keinem Blutstau in den Gefäßen kommt. Ein massives Brett herrichten, welches später von zwei Leuten links und rechts hochgehalten wird, um die Gebärmutter genau auf Scheidenhöhe zu platzieren. Sollte das Tier nicht mehr aufstehen, zwei feste Stricke bereitlegen, damit die Hinterbeine nach Seerobbenart nach hinten fixiert werden können. Ebenfalls bedarf es einer langhalsigen leeren Flasche, mit der nach erfolgter Reposition beide Uterushörner komplett ausgestülpt werden können. Ein menschlicher Arm ist dazu nicht lang genug.

Geburt

Prophylaxe gegen Milchfieber: Einmalige Injektion von Vitamin D 3000, 10 Millionen Internationale Einheiten, optimal 3 bis 4 Tage vor dem Geburtstermin. Verzögert sich dieser, ist eine Wiederholung nach 7 Tagen angezeigt. *Calcium carbonicum* und *Calcium phosphoricum* zusätzlich eingeben.

Prophylaxe gegen Acetonämie/Ketose: Verabreichung von oralem Propionat® (im Lagerhaus erhältlich) mind. 1 Woche vor bis 1 Woche nach der Geburt.

Homöopathie: *Pulsatilla* (gegen Wehenschwäche), *Caulophyllum* (bei vorhergegangener Schwergeburt), *Arnica* (regelmäßig während der Trächtigkeit verabreicht, erleichtert es die Geburt), *Ruta graveolens* und Himbeerblätter (gegen Wehenschwäche, erhöhen die Austreibungskraft), *Cimicifuga* + *Caulophyllum* + *Chamomilla* + *Gelsemium* (bei mangelhafter Eröffnung des Muttermundes).

Nachdem die Fruchtblase geplatzt ist, kann man bei der Kuh ca. 2 Stunden zuwarten, bei der Kalbin 3 Stunden! Tut sich in diesem Zeitraum nichts Entscheidendes, muss eine sachkundige Person (Nachbar oder Tierarzt) hineingreifen.

Gebärmutterdrehungen (Torsio) kann man manchmal schon von außen erkennen. Die Tiere fressen an dem Tag wenig bis gar nichts, sind unruhig, haben aber keine Wehen und das Wasser ist noch nicht gebrochen. Normalerweise liegen die Schamlippen parallel und die Schamspalte verläuft senkrecht. Im Falle einer Torsio befindet sich eine Schamlippe etwas höher als die andere und die Schamspalte weist im oberen Bereich eine leichte Biegung nach links oder rechts auf, woraus man auf die Drehrichtung schließen kann.

Liegt eine Vulvaenge (hauptsächlich bei Kalbinnen) vor, hilft meistens Akupunktur. Dazu braucht man Akupunkturnadeln (können aber auch Injektionsnadeln oder sogar dickere Nähnadeln/Stecknadeln sein) und sticht die erste in den Damm zwischen Anus und oberem Ende der Vulva, also auf 12 Uhr ein. Die zweite unterhalb des unteren Vulvarandes (6 Uhr), die beiden restlichen auf 3 und 9 Uhr an der Grenze der unbehaarten Schamlippen zum Körperfell. Die Nadeln werden manuell kräftig bewegt. Meistens ist ein Auszug des Kalbes innerhalb von 10 bis 15 Minuten möglich.

Davor sollten die Nadeln jedoch entfernt werden, da sie sonst zu Boden fallen und eine Gefahr für das Kalb und/oder die Kuh darstellen können.

Gelbsucht (Ikterus)

Es handelt sich dabei nicht um eine Krankheit im eigentlichen Sinn, sondern um ein Symptom, welches mehrere Ursachen haben kann.

Es tritt vorwiegend bei schweren Leberschäden auf! Solche werden u. a. durch toxische Einflüsse hervorgerufen wie bei Clostridien (Bakterien), Piroplasmen (Blutparasiten) und Allergien.

Eine Besonderheit stellt die Gelbsucht des neugeborenen Fohlens dar! Es handelt sich dabei um eine Unverträglichkeit der Blutgruppen von Stute und Hengst, bei der es zu einer Antigen-Antikörper-Reaktion kommt. Die mit der Muttermilch an das Neugeborene abgegebenen Stutenantikörper reagieren mit den Hengstantigenen, die auf den Erythrozyten des Jungtieres haften. Dadurch werden die Blutkörperchen zerstört und es wird das Abbauprodukt Bilirubin in großen Mengen freigesetzt, welches normal von Leber und Galle ausgeschieden wird. Schafft das die Leber nicht, lagert sich der Farbstoff in den Schleimhäuten von Augenlidern und Mund ab und färbt diesen gelb. Die Fohlen erkranken schon kurz nach dem ersten Trinken mit Mattigkeit, Festliegen, Krämpfen und Hämoglobinurie (rötlicher Harn).

Behandlung: Sofort das Fohlen für 3 Tage von der Muttermilch absetzen und mit Milchaustauscher ernähren. Danach werden vom Darm keine Antikörper mehr resorbiert und es besteht keine weitere Gefahr. Ist kein geeigneter Milchaustauscher verfügbar, kann man selbst einen Ersatz aus Kuhmilch herstellen: 640 g Kuhmilch, 320 g Wasser, 35 g Traubenzucker, Vitaminzusatz. 12 x täglich je 0,5 bis 1 % des Körpergewichts verfüttern.

Immer sollte bei Gelbsucht begleitend eine Leberschutztherapie **T** vorgenommen werden.

Homöopathie: *Berberis vulgaris*, *Carduus marianus* (Mariendistel), *Lycopodium* (Bärlapp), *Flor de Piedra* (Steinblüte), *Chelidonium* (Schöllkraut), *Nux vomica* (Brechnuss).

Phytotherapie: Distel, Löwenzahn, Kamille, Schafgarbe als Tee oder Absud.

In schweren Fällen kann auch ein Aderlass versucht werden. Früher haben ihn die Bauern mit der „Fliete“ selbst gemacht, heute wird er gewöhnlich vom

Tierarzt unter Zuhilfenahme einer Aderlassnadel durchgeführt und anschließend eine Bluttransfusion (ja nicht von der Mutter!) gegeben.

Gelenksentzündung

Ursachen: Verletzungen, metastatische Verschleppung von Bakterien (z. B. bei Mastitis, Gebärmutterentzündung, Nachgeburtsverhalten), Nabelentzündungen (Kälber!).

Symptome: Verdickung des Gelenks, Wärme, Schmerzhaftigkeit (Lahmheit, Schonung des Beins). In extremen Fällen Störung des Allgemeinbefindens mit Fieber.

Behandlung: Sanierung der auslösenden Ursache. Entzündungshemmer, bei Verdacht auf Infektion Antibiotika. Das Problem ist, dass sich injizierte Antibiotika nur schlecht in genügender Konzentration im Gelenk ansammeln lassen. Daher ist oft eine Gelenksspülung **T** notwendig. Punktion der weichen Stellen im Gelenk, Ablassen des veränderten Inhalts, gründliche Spülung mit physiologischer Kochsalzlösung mit anschließend lokaler Antibiotikumapplikation.

Phytotherapie: Warme Leinsamen- oder Beinwellauflagen, Fichtennadelabsud (ca. 100 g Fichtennadeln in 2 Litern Wasser aufkochen, ¼ Stunde ziehen lassen, abseihen). Als Wickel um das Gelenk drapieren und mit einem trockenen Wolltuch fixieren. Sobald der Wickel trocken ist, abnehmen. Mit Heublumen verfährt man ebenso. Weißkrautblätter ohne Strunk mit dem Nudelwalker walzen und um das Gelenk winden. Darüber ein warmes Wolltuch wickeln. Warme Kartoffelwickel schaffen auch Linderung.

Homöopathie: *Arnica*, *Apis* (wenn sich das Gelenk schwammig anfühlt), *Bryonia* (bei Druckempfindlichkeit), *Hepar sulfuris* (bei Eiterung), *Myristica sebifera* (fördert den Abszessdurchbruch).

Hausmittel: Topfen- bzw. Lehmumschläge (kühlend bei nichtinfektiösen Entzündungen), Honigauflagen, Blutegel.

Grippe

Die Rindergrippe tritt zwar fast jedes Jahr in gemäßigter Form auf, d. h., es sind nur einzelne Tiere in verschiedenen Betrieben betroffen, in unregelmäßigen Abständen kommt es aber immer wieder zu einem weitgreifenden Seuchenzug mit Herdeninfektion.

Symptome: Plötzlich auftretendes, sehr hohes Fieber mit Schüttelfrost, Appetitlosigkeit, Apathie. Wenn sich die Atemfrequenz stark erhöht, liegt nicht mehr nur der virale Infekt vor, sondern es besteht dann der Verdacht auf eine bakterielle Beteiligung mit Beginn einer Bronchitis ►.

Behandlung: Fiebersenkende Entzündungshemmer, solange nur das Fieber vorherrscht. Sobald eine forcierte Atemtätigkeit vorliegt, ist ein Antibiotikum angezeigt. Da als Erreger für Lungenerkrankungen am häufigsten Pasteurellen verantwortlich sind, muss das Medikament unbedingt diese Keime in seinem Wirkungsbereich enthalten.

Homöopathie: Sofort *Aconitum* mehrmals täglich! *Belladonna* (gegen das Fieber), *Bryonia* gegen trockenen Husten.

Hausmittel: Essigwickel ►.

Prophylaxe: Gutes Stallklima! Keine Zugluft, aber auch keine zu hohe Temperatur und Luftfeuchtigkeit. In vielen Stallungen ist es zu warm, da in der kälteren Jahreszeit oft die Fenster geschlossen sind. Die ideale Temperatur soll zwischen 4 °C und 16 °C betragen. Auch auf die Ammoniakbelastung ist zu achten. Wichtig ist es, den gesamten Stallraum zu belüften und für genügend Luftaustausch zu sorgen. Um Durchzug zu vermeiden, muss man abwechselnd die gegenüberliegenden Fensterseiten schließen bzw. öffnen. Um versteckte Luftströmungen (z. B. durch die Entmistungsöffnungen) zu entdecken, empfiehlt es sich, Bänder oder Schnüre im Aufenthaltsbereich (Liegeboxen) anzubringen, um im sprichwörtlichen Sinne zu sehen, woher der Wind weht.

Da Jungtiere in den ersten Lebenstagen eine etwas höhere Körpertemperatur haben, ist dieser Umstand zu berücksichtigen!

Hauterkrankungen

Meist handelt es sich um Parasiten, Räudemilben, Läuse und Haarlinge oder Pilze.
Die spezielle Diagnose fällt leicht!

Haarlinge: Manchmal auch mit freiem Auge erkennbar, bei dichtem Fell Haare scheiteln und unter Zuhilfenahme einer Lupe beobachtet man dunkle, längliche Tierchen, die herumkrabbeln.

Behandlung: Körperschur und ein im Handel erhältliches Parasitenmittel aufsprühen, noch besser ist es, eine Waschlotion großflächig aufzutragen.

Läuse: Die erwachsenen Tiere sieht man kaum, aber bei genauer Betrachtung der Fellhaare erkennt man entlang des gesamten Haarschaftes winzige, gelbe Pünktchen. Das sind die sogenannten Nissen (Lauseier).

Behandlung: Körperschur, Auftragen eines flüssigen Lausmittels. Meist genügt eine einmalige Behandlung.

Räude: Beim Abtasten der verdächtigen Stellen spürt man halberbsengroße Knötchen und Krusten. Besonders beim Pferd handelt es sich um Langhaarräude in der Mähne, am Schweifansatz und in den Fesselbeugen. Die letzte ist insofern problematisch, als mit Fortdauer der Erkrankung eine Schwellung der Gliedmaßen entstehen kann.

Behandlung: Die betroffenen Regionen kräftig mit Schmierseife von den Auflagerungen säubern, danach mit einem handelsüblichen Räudemittel waschen.

Wichtig!
Nach 1 Woche bis 10 Tagen die Prozedur wiederholen, da dann die nächste Generation an Milben geschlüpft ist.

Pilzbefall: Juckreiz, ständiges Scheuern, kreisrunder Haarausfall bei glatter Haut, der sich ausbreitet. Am Rand der befallenen Stellen lassen sich die Haare leicht ausziehen. Eine Besonderheit stellt der „Grind“ dar, der ebenfalls durch einen Pilz namens Trichophyton verursacht wird. Hier sind die betroffenen Hautflecken mit grauen, trockenen Belägen bedeckt.

Achtung!
Grind ist leicht auf den Menschen übertragbar!

Es gibt fertige Grind-Salben, am besten bewährt sich eine (apothekenmäßig hergestellte) Salbe aus 10%iger Salpetersäure® und Vaseline®. Schwefelsalben können auch verwendet werden, besitzen aber meiner Erfahrung nach nicht die gleiche Wirkung.

Ekzeme: Meist handelt es sich um nässende Ekzeme, bei der frisch abgekalbten Kuh vorwiegend zwischen Euter und der Innenseite des Oberschenkels. Zwei Mal täglich die betroffene Stelle zuerst mit Betaisodona®-Lösung oder -salbe behandeln, nach einer Einwirkungszeit mit Lotagen®-Lösung, 50 %, oder Lotagen®-Gel betupfen bzw. bestreichen.

Kalzinose

Bei der Kalzinose handelt es sich um eine Stoffwechselkrankheit, verursacht durch Goldhafer in der Futterration. Auf der freien Weide wird er von den Tieren meist gemieden. Die Pflanze enthält Inhaltsstoffe, die eine hormonähnliche Wirkung wie Vitamin D3 besitzen. Dadurch kommt es zu Verkalkungen von Weichteilgeweben wie Organe und Blutgefäße sowie zu Kalkablagerungen in Gelenken. Goldhafer gedeiht auf mageren Wiesen und entfaltet seine Giftigkeit für die Tiere durch zu frühes und seltenes Mähen. Infolge der zunehmenden Mutterkuhhaltung und der damit verbundenen extensiven Weidebewirtschaftung tritt die Erkrankung heutzutage wieder häufiger auf. Es handelt sich um eine Gruppenerkrankung, da alle Tiere die gleiche Winterfütterung erhalten und die Wirkstoffe auch in Heu, Grünfutter und Silage erhalten bleiben.

Symptome: Mattes Haarkleid, Abmagerung, gekrümmter Rücken, Schmerzen beim Gehen. Sollten diese Erscheinungen an mehreren Tieren gleichzeitig beobachtet werden, liegt die Verdachtsdiagnose nahe und es müssen umgehend Futterproben gezogen und untersucht werden. Sollte der Gehalt an Goldhafer in der Gesamtration mehr als 20 % betragen, kommt es zu den erwähnten Erscheinungen.

Behandlung: Es gibt keine Therapie, weder schulmedizinisch noch alternativ! Die einzige Möglichkeit, Goldhafervergiftungen zu vermeiden, besteht darin, Wiesen öfters zu mähen und dabei zu warten, bis die Pflanze ihre Rispenschiebung beendet hat. In leichteren Fällen einer vorliegenden Kalzinose kann man den Prozess stoppen, indem man goldhaferfreies Futter zugibt, sodass der Gesamtgehalt in der Ration unter 20 % sinkt.

Klauenrehe/Hufrehe

Die Klauenrehe bzw. die Hufrehe ist eine nicht infektiöse Entzündung der Lederhaut und entsteht bei Rindern durch einen Eiweißüberschuss im Futter (Silage, saftige Jungweiden bzw. Herbstweiden nach dem Almabtrieb).

Sie besteht immer paarweise, bei Rindern meist an den Hinterbeinen (dabei treten die Tiere dauernd von einem Fuß auf den anderen) oder an den Vorderbeinen (selten, die Tiere knien lange vor dem Aufstehen). Pferde lahmen, stellen die Vorderbeine weit nach vorne, die Hinterbeine unter den Bauch, zeigen Bewegungsunlust, sie „kleben auf der Stelle"! Bei dieser Tierart kann die Ursache ebenfalls ein Fütterungsfehler sein (zu viel Eiweiß oder Kraftfutter), Unsauberkeit in der Gebärmutter (Geburtsrehe) oder Überbeanspruchung (Belastungsrehe) auf harten Böden.

Behandlung: Entzündungshemmer (evtl. Kortison, Achtung: In der fortgeschrittenen Trächtigkeit besteht Abortusgefahr) über mehrere Tage verabreichen, sofortige und strikte Absetzung von eiweißreichem Futter (nur trockenes Heu plus Kraftfutter anbieten) und (wichtig!) das Tier weich aufstallen! Reichlich Kuhmist mit Strohbedeckung als Unterlage verwenden. Gummimatten sind dafür nicht ausreichend! Man muss beim Darübergehen den Eindruck haben, als ginge man auf einem Moospolster! Diese Maßnahme zehn bis vierzehn Tage lang beibehalten!

Wichtig vor allem beim Pferd!
Rascheste Behandlung, die klinischen Symptome müssen innerhalb von 3 Tagen abklingen, sonst bleiben dauerhafte Schäden.

Achtung!
Der Huf hat ein „Gedächtnis"! Neuerliche Trächtigkeiten oder Fütterungsfehler können erneut die Rehe auslösen!

Homöopathie: Zusätzlich kann man *Apis* und *Traumeel*® oral verabreichen.

Kreuzschlag, Lumbago

Es handelt sich um eine Stoffwechselerkrankung des Pferdes, bei der die großen Muskelpartien im Rücken betroffen sind. Große Kohlenhydratmengen im Futter, wie sie vor allem bei Arbeitstieren (Holzbringung, Kutschenfahrten) zur Energieversorgung nötig sind, werden als Glykogen in der Muskelzelle gespeichert. Kommt es zur plötzlichen Unterbrechung der Körperbelastung (Feiertagskrankheit), entstehen toxische Abbauprodukte und Muskeldegenerationen, bei denen das Myoglobin (Muskelfarbstoff zur Sauerstoffversorgung) in beträchtlichem Umfang frei und mit dem Urin („schwarze Harnwinde") ausgeschieden wird.

Symptome: Plötzliche Steifheit, Bewegungsunlust, Schwitzen, erhöhte Herzfrequenz, Zittern, Verhärtung der Rückenmuskulatur, der Harn färbt sich rötlich bis schwarz.

Behandlung: Absolutes Bewegungsverbot! Wenn Tiere auf der Weide erkranken, nicht in den Stall verbringen (auch der schaukelnde Hängertransport belastet die Muskulatur). Am besten einen provisorischen Unterstand errichten. Abdecken des Rückens mit einer warmen Wolldecke.

Entzündungshemmer (Kortison bei fortgeschritten trächtigen Stuten vermeiden!), Selen, Vitamin E, Kreislaufstützung, reichliche Infusionen, um das Myoglobin rascher auszuschwemmen, Natriumbicarbonat zur Stabilisierung des Blut-pH-Werts, eventuell Muskelrelaxantien zwecks Entspannung. Sanfte Massage mit Kampferzusatz.

Homöopathie (nur zur Unterstützung!): *Arnica, Rubia tinctorum, Solidago virgaurum* (regen die Harnmenge an), *Rhus toxocodendron* (gegen Muskelzittern und Schmerzen), *Barium carbonicum* (bei Muskelkrämpfen und Verspannungen).

Achtung!
Bei bereits festliegenden Pferden ist die Prognose sehr ungünstig zu stellen.

Künstliche Befruchtung

Ein kleiner Tipp zur Technik bei der Durchführung der Künstlichen Besamung!

Da ich viele Jahre lang die beste Non-Return-Rate im gesamten Land Salzburg aufwies, scheint er mir erwähnenswert. In sämtlichen Kursen wird gelehrt, dass man mit der Besamungspistole bis zu jener Stelle vordringen soll, an der sich der Uterus in seine beiden Hörner verzweigt, und dort das Sperma deponieren soll. Nun findet der Eisprung unregelmäßig einmal am linken und ein anderes Mal am rechten Ovar statt, weshalb man nicht abschätzen kann, in welchem Eileiter die Befruchtung stattfinden wird. Bei einer Bewegung der Kuh kann somit die geringe Samenmenge durchaus auf die falsche Seite, sprich in den leeren Eileiter, gelangen. Ich habe deshalb folgende Methode praktiziert. Mit der Besamungspistole links **und** rechts der Abzweigungsstelle ein wenig in die Hornanfänge eingehen und jeweils die Hälfte des Spermas dort absetzen. So ist sichergestellt, dass das Ei, unabhängig von seiner Körperseite, auf jeden Fall mit Samen in Berührung kommt. Allerdings braucht es dazu etwas Übung und Fingerspitzengefühl, da die Hörner bekanntlich eine Krümmung aufweisen und die Spitze der Besamungspistole keinesfalls die Schleimhaut anritzen darf. Blut ist der große Feind vom Sperma. Bis zum Ende meiner Praxistätigkeit habe ich aus diesem Grund nach jeder Künstlichen Befruchtung das Ende der Besamungspistole auf Blutspuren kontrolliert. Erfreulicherweise jahrzehntelang vergeblich!

Außerdem habe ich nie ein Auftaugefäß mit Thermostat verwendet, sondern ausschließlich „kalt“ besamt. Samenröhrchen aus dem Container entnommen, unter die Achsel geklemmt und hinter der Kuh die Pistole geladen, fertig. Hat gut geklappt!

Labmagengeschwür

Labmagengeschwüre kommen relativ häufig vor, hauptsächlich bei Kälbern!

Was diese Erkrankung so heimtückisch macht, ist das weitgehende Ausbleiben von Symptomen über längere Zeit.

Ursachen: Alle Arten von Stress (Managerkrankheit!), wie häufiges Umstallen in neue Gruppen, Transporte usw. Die Gabe von grobstängeligem Heu kann zur Verletzung der zarten Magenschleimhaut führen. Auch die Überdosierung von Entzündungshemmern stellt einen Risikofaktor dar. Bei der „ad-libidum-Fütterung" mit Kalttränke, bei der notwendigerweise Ameisen- bzw. Essigsäure zugesetzt wird, kann eine zu hohe Konzentration die Magenschleimhaut schädigen.

Man unterscheidet zwischen oberflächlichen Geschwüren und tiefgreifenden.

Symptome: Mangelnder Appetit, Aufblähungen, kolikartige Erscheinungen, struppiges, glanzloses Haarkleid, gekrümmter Rücken, eventuell Blutspuren im Kot.

Behandlung: Bei Verdacht sofortige Umstellung der Fütterung! Einmalige Injektion von Novalgin®, 2 x täglich lauwarme Reissuppe oder Haferschleim (schützt die Schleimhaut), Tannin bzw. Eichenrindenpulver eingeben.

Homöopathie: *Nux vomica, Hamamelis* und *China.*

Tiefgreifende Geschwüre bilden die Gefahr eines plötzlichen Durchbruches, bei dem sich der Mageninhalt in die Bauchhöhle ergießt. Es kommt zur jauchigen Bauchfellentzündung mit raschem Verfall und Festliegen des Tieres. In diesem Stadium ist eine Therapie sinnlos!

Lähmung

Es gibt verschiedene Ursachen für Lähmungen unterschiedlichster Form. Man unterscheidet zwischen schlaffer und spastischer (krampfartiger) Lähmung.

Die am häufigsten Vorkommenden sind von Milchfieber ▶▶ und Phosphormangel ▶▶ ausgelöst. Seltener treten Lähmungen infolge von Verletzungen ein, z. B. nach Schwergeburten, Muskelrissen beim Ausgrätschen der Hinterbeine, Nervenquetschungen oder Steinschlag auf der Alm. Schließlich kommen noch infektiöse Gründe in Frage (Listeriose, Starrkrampf, Tollwut).

Behandlung: Bei den stoffwechselbedingten Lähmungen siehe dort. Bei Verletzungen (Nervenschädigung) entzündungshemmende Präparate und Vitamin-B-Komplex.

Homöopathie: *Arnica*, *Hypericum* (Hauptmittel bei Nervenverletzungen!), *Opium* (bei schlaffer Lähmung), *Aurum* (wenn Tiere nach oftmaligen, vergeblichen Aufstehversuchen die Zuversicht verlieren).

Tipp!
Zusätzliche Einreibungen mit Scharfsalben (enthalten durchblutungsfördernde Inhaltsstoffe wie Capsaicin aus Chili oder Paprika bzw. Senföle) oder eine kräftige Bürstenmassage mit heißem Vorschuss (vielleicht besser bekannt als Vorlauf, das ist das erste hochprozentige Destillat beim Schnapsbrennen, welches wegen dem massiven Gehalt an Fuselstoffen nicht zum Trinken geeignet ist und daher gewöhnlich verworfen wird) in der betroffenen Region unterstützen die Durchblutungsförderung.

Limax

Hier handelt sich um eine störende Schwiele im Zwischenklauenbereich. Meist sind die Hinterbeine betroffen, da sie das größere Gewicht tragen müssen. Für die Entstehung sind verschiedene Faktoren verantwortlich.

Es gibt eine erbliche Veranlagung, oft aber ist mangelnde bzw. falsche Klauenpflege daran schuld. Die inneren Klauenränder müssen nämlich halbmondförmig ausgeschnitten werden, damit es zu keiner Anschoppung von Erde, Steinchen oder Einstreu kommt. Durch solche Fremdkörper entsteht eine Reizung des Zwischenspaltgewebes mit Entzündung und nachfolgend besagter Schwielenbildung. Die klinische Erscheinung hängt von der Größe und Ausdehnung der Wucherung ab. Bei dicken Schwielen reiben sich diese unter der Gehbewegung beständig an den Innenseiten der Klauen, woraus neuerliche Entzündungen resultieren und die Schmerzen das Tier negativ beeinflussen. Stiere z. B. können eine Unlust zum Aufspringen entwickeln, was ihre Deckfähigkeit beeinträchtigt. Weibliche Rinder weisen Milchrückgang und Unfruchtbarkeit auf. Allen gemeinsam ist natürlich eine mehr oder weniger ausgeprägte Lahmheit!

Von Verbänden mit gewebserweichenden Mitteln, wie z. B. Salicylsäure, über mehrere Tage halte ich gar nichts, da sie eine weitere Reizung bedeuten und bei ausgedehnten Schwielen nichts bringen. Stattdessen einen Leinsamen- oder warmen Kartoffelumschlag anlegen. Bewährt hat sich die chirurgische Entfernung, allerdings sollte eine akute Entzündung bereits abgeklungen sein. Unter Lokalanästhesie wird der Limax keilförmig herausgeschnitten und ein fester Zwischenklauenverband mit **Lotagen**Ⓜ angebracht. Nach einigen Tagen erfolgt der Verbandwechsel!

Bei kleineren Schwielen kann man, nach erfolgter Klauenkorrektur, folgende Homöopathika versuchen: *Apis* (Geschwulst ist rot glänzend), *Belladonna*, *Bryonia*, *Hepar sulfuris* (bei Eiterung), *Mercurius solubilis* (bei Geschwürbildung).

Zur Nachbehandlung: *Calendula, Silicea* eingeben. Auftragen von Heilerde bzw. Eichenrinde in den Zwischenklauenspalt!

Prophylaxe: Säuberung des Klauenbereiches mit Wasser (1 x täglich), Einsprühen mit Salzwasserlösung (ca. 26 %, wird durch Einlegen von einem Natursalzblock in Wasser für 12 Stunden hergestellt).

Lungenödem

Das Lungenödem ist eine Flüssigkeitsansammlung in der Lunge.

Ursachen können Allergien, Herzinsuffizienz und Begleitkomplikationen bei Bronchitis sein.

Symptome: Apathie, Atembeschwerden, Husten, Röcheln, heraushängende Zunge, bläuliche Schleimhäute, bierschaumartiger Nasenausfluss.

Behandlung: Kortison (gegen Allergie und Bronchienkrampf) zusammen mit antibiotischer Abdeckung. Evtl. ein Mittel zur Entwässerung eingeben. Bei Stauungsödem empfiehlt sich ein Herzmedikament. Anlegen eines Prießnitzumschlages (Leintuch mit kaltem Wasser tränken, um die Brust wickeln, mit dicker Wolldecke umhüllen).

Phytotherapie: Löwenzahn, Brennnessel, Petersilie (als Tee oder gleich über das Futter).

Homöopathie: Nur als Zusatzbehandlung! *Apis, Histaminum, Kalium carbonicum + Laurocereasus + Crataegus.*

Mastitis

Eine Euterentzündung kann jederzeit entstehen, auch in der Trockenstehphase! Daher ist es notwendig, bei jeder Kuh bzw. Kalbin, sofern das Tier in erreichbarer Nähe ist, 1 x täglich eine Euterkontrolle durchzuführen. Ein kurzer Kontrollgriff an allen vier Vierteln genügt, um eine Verhärtung oder Schwellung festzustellen. Dabei besteht keine Gefahr, eine Mastitis auszulösen.

Wenn jedoch ein Verdacht besteht, spätestens nach 12 Stunden das betreffende Viertel nochmals kontrollieren, da hat man noch die Konsistenz vom letzten Mal in Erinnerung. Hat die Veränderung zugenommen, besteht Mastitisgefahr. In diesem Fall wird ein Strahl herausgemolken. Bei abweichender Qualität zum normalen Trockensekret (honigartig) muss das Viertel komplett ausgemolken werden. Hernach erfolgt die Behandlung wie im Laktationsstadium! Sollten bei einem trockenstehenden Tier Zweifel bestehen, klemmt man den Schließmuskel unten mit den Fingern ab und melkt ein wenig nur in die Zitze. Dann rollt man diese durch die Finger. In vielen Fällen kann man im Inneren Bestandteile wie Flocken spüren. Ist man sich noch immer unsicher, ebenfalls einen Probestrahl ermelken. Hat man sich geirrt, lässt man das Viertel wieder in Ruhe.

Grobsinnliche Unterscheidung der möglichen Erreger:

- **Streptokokken**: geringe bis nicht vorhandene Schwellung und keine Schmerzhaftigkeit des Viertels. Die Milch besitzt Milchcharakter, große weiche Flocken, kein Fieber.
- **Staphylokokken**: Rasche Verschlechterung, das Viertel ist geschwollen, keine oder winzige Flocken, Milch verändert sich ins Gelbliche bzw. Wässrige. Teilweise Fieber.
- **Colikeime**: Das Viertel ist geschwollen, die Milch gelb-wässrig, Beimengung von Gewebefetzen, hohes Fieber, stark eingeschränktes Allgemeinbefinden aufgrund hoher Toxizität!
- **Klebsiella**: ähnliche Erscheinungen wie Coli, nicht immer mit Fieber einhergehend.
- **Hefepilze**: Sehr selten. Das Viertel ist geschwollen, die Milch gelb-wässerig, Flocken bzw. grobe Gewebsfetzen, therapieresistent auf Antibiotika.

Behandlung: Bei Mastitis gilt: So rasch wie möglich!

- **Streptokokken**: PenicillinⓂ und ähnliche Antibiotika, AmoxicillineⓂ, homöopathische Nosode. Wenn eine scheinbar therapieresistente Mastitis bzw. ein erhöhter Zellgehalt vorliegt, handelt es sich meist um einen **Streptokokkus uberis** (kann von den übrigen Streptokokkusarten nur über eine Milchprobe im Labor diagnostiziert werden): Hier genügt dann die gewöhnliche intrazisternale Behandlung nicht, es muss zusätzlich eine drei- bis fünftägige intramuskuläre Injektionsbehandlung erfolgen.
- **Staphylokokken**: CephalosporineⓂ, LincomycineⓂ, homöopathische Nosode.
- **E. Coli**: CephalosporineⓂ, GentamycinⓂ, AmoxicillinⓂ, EnrofloxacineⓂ, MarbocillineⓂ, zusätzlich Enrofloxacin oder Marboxilin intavenös bzw. intramuskulär verabreichen. Bei Festliegen des Tieres Glucoseinfusion! Homöopathische *E. Coli-Nosode.*
- **Klebsiella**: GentamycinⓂ. Gentamycin hat den Nachteil, dass es eine unheimlich lange Wartefrist auf das Fleisch aufweist, daher vor dem Einsatz diese Problematik berücksichtigen!
- **Hefepilze**: In das Viertel so oft wie möglich *Traumeel-Ampullen*Ⓜ, *Apis-homaccord-Ampullen*Ⓜ und *Candida-Nosode* plus Propolislösung mit sterilem Aqua destillata einbringen. Das betroffene Euterviertel so oft wie möglich ausmelken!

Bei allen Euterentzündungen, vor allem bei fieberhaften, sind *Traumeel*Ⓜ*-Ampullen* und *Apis*Ⓜ*-Injeel* oder als Zusatz zum Antibiotikum, in das Viertel gespritzt, höchst wirkungsvoll.

Dann benötigt man meist keine schulmedizinischen Entzündungshemmer oder Fiebersenker.

Wenn keine Mastitis vorliegt, sondern nur der Zellgehalt erhöht ist, unbedingt eine sterile Milchprobe an ein Labor senden, bevor das Euter medikamentös behandelt wird! Stichwort: gezielte Therapie!

Für Rinder mit rein eitrigem oder stinkendem Gemelk gilt: In solchen Fällen ist die Drüse verloren, eine Therapie hat sich hauptsächlich auf die vorherrschenden Symptome (evtl. Fieber, Fressunlust etc.) zu beschränken. Wichtig ist natürlich das häufige Ausmelken!

Milchfieber

Milchfieber ist eine Störung des Calcium-Stoffwechsels und tritt beim Muttertier meist in den ersten Tagen nach der Geburt auf! Achtung: Milchfieberähnliche Erscheinungen unterschiedlicher Ausprägung sind aber auch vor der Geburt sowie Monate nach der Geburt möglich!

„Fieber" ist hier der irreführende Ausdruck und muss als Synonym für „Krankheit" gelten! (Früher wurden viele Erkrankungen, bei denen man nicht die Ursache kannte, als „Fieber" bezeichnet, wie z. B. Nervenfieber.) Die Tiere zeigen Untertemperatur, einen festen Kot und bei starkem, plötzlichem Anrempeln der Beckenregion von der Seite her eine leichte Stehschwäche!

Sehr guter Hinweis stellt die **trockene Nase** dar! Sie verschwindet sofort nach der Calciuminfusion! In fortgeschrittenen Fällen liegt das Tier mit seitlich gebogenem Kopf in einem komatösen Zustand! Es gibt keine Kotausscheidung!

Um das Risiko eines Milchfiebers zu minimieren, ist Folgendes zu beachten: Die Tiere dürfen nicht zu fett zur Geburt gelangen. Eine simulierte Calcium-Mangelsituation in der Trockenstehzeit durch eine spezielle Mineralstoffgabe, bei der der Calciumgehalt **unter** dem des Phosphors liegt, hilft dem Körper, sich rechtzeitig auf die Verhältnisse in der Laktation einzustellen! Zum Beispiel empfiehlt sich ein Calcium-Phosphor-Verhältnis von 0,5 zu 1!

Calcium phosphoricum, *Calcium carbonicum* helfen bei der Prophylaxe, ebenso wie eine Vitamin-D3-Injektion einige Tage vor der Geburt!

Tiere, die gleich nach der Geburt an Milchfieber erkranken, weisen eine hohe Rückfallquote innerhalb der nächsten 3 Tage auf! Daher orale Calciumpräparate während dieser Periode verabreichen!

Wichtig!
Um das gefürchtete Grätschen im Lähmungszustand (akute Gefahr des Muskelrisses der Innenschenkelmuskulatur) zu vermeiden, unmittelbar nach der Geburt eine Fußfessel (käuflich) an den Hinterbeinen anbringen! Diese bleibt 4 Tage lang angelegt! Als Alternative eignet sich ein selbstgebasteltes Geschirr: Oberhalb der beiden Fesselgelenke alte Tücher als Polsterung um das Bein wickeln, darüber einen festen Strick von max. 0,75 Metern Länge zur Verbindung der Beine befestigen!

Ein schweres Milchfieber ist leicht zu verwechseln mit einem Leberkoma ►►.

Milchhochziehen/-verhalten

Diese Erkrankung tritt vorwiegend bei Kalbinnen in der ersten Laktation auf.

Ursachen: Stress durch Melkakt, Umstallung zu den Milchkühen (Verlust des gewohnten Umfeldes).

Symptome: Bei genauer Beobachtung ist die Milchvene eher dünn und glatt, anstatt dick und krampfadernartig wie bei älteren Kühen.

Oxytocin-Injektionen vor jedem Melkakt bekämpfen rein das Symptom, ändern aber nichts an der Ursache.

Behandlung: Rückverbringung des Tieres in eine vertraute Umgebung, vielleicht keine fremde Nachbarin links und rechts und **Akupunktur**, wie folgt:

Einstich in das „Milchnäpfchen“ (Punkt Ma 18), das ist an der Stelle, wo die „Milchader“ euternahe in der Bauchwand verschwindet. Bluten lassen und zirkulär ein Depot von ca. 10 ml eines Lokalanästhetikums (z. B. Xylanest®) setzen. Zusätzlich wärmende Massagen des Euters verabreichen. Zur Nadelung habe ich immer dünne Injektionskanülen verwendet, um nicht noch einmal stechen zu müssen, sondern das Lokalanästhetikum gleich direkt zu verabreichen.

Homöopathie: *Argentum nitricum* (Angst), *Phytolacca D30 + Oxytocinnosode.*

Hausmittel: Einführen eines Armes in das Rektum der Kuh und die Gebärmutter durch die Darmwand mit der Hand stimulieren.

Milchmangel

Der Milchmangel unterscheidet sich vom Milchhochziehen ▶ durch den Umstand, dass nicht genügend Milch gebildet wird. Ursache ist ein (genetisch bedingter) Mangel an Prolaktin, dem Hormon, das für die Milchbildung verantwortlich ist. Die Voraussetzung für einen Behandlungsversuch bedingt ein genügend ausgebildetes Euter, welches auch ausreichend Drüsengewebe besitzt (kein „Fleischeuter"!).

Homöopathie: *Agnus castus, Alfalfa, Fraxinus americanus, Galega officinalis, Rhicinus communis, Spirantes autumnalis, Yohimbinum.*

Alle Mittel dienen der Milchbildung und können daher auch in Kombination verabreicht werden!

Mortellaro („Erdbeerkrankheit)

Mortellaro ist ein von Bakterien verursachtes Ekzem im Zwischenklauenbereich am Übergang zum Kronsaum, welches durch Feuchtigkeit, schlechte Stallhygiene und Einschleppung mit Zukaufstieren begünstigt wird. Da Bakterien beteiligt sind, ist es hochansteckend.

Symptome: Anfangs nur kleine Läsionen, die gerne übersehen werden. Später ausgedehnte, rote, erdbeerartige, umschriebene Stellen mit stacheligen Haaren und grau-gelber Absonderung, die faulig-süßlich riecht. Sehr druckempfindlich.

Behandlung: Gründliche Klauenreinigung mit kaltem Wasser, nach dem Abtrocknen eine desinfizierende Salbe (z. B. Betaisodona[M]), Holzteer oder einen antibiotischen Spray (Blauspray) auftragen und mit einem Verband (Wechsel nach 2 bis 3 Tagen) schützen. Das Tier auf trockenen Untergrund verbringen. Bei Lahmheit Entzündungshemmer verabreichen.

Homöopathie: *Allium cepa* (Folgen von Nässe), *Borax* (Entzündung mit Schwellung), *Conium maculatum* (Geschwüre mit stinkender Absonderung), *Lachesis* (rote Läsion mit bläulichem Rand), *Tarantula* (tumorige Zubildungen, demarkiert totes von gesundem Gewebe), *Mercurius solubilis* (geschwürige Wucherungen), *Natrium sulfuricum* (schmerzhafte Klauenprozesse), *Silicea* zur Nachbehandlung.

Hausmittel: Brennnesseln verfüttern! Sie wirken blutreinigend, entgiftend und dadurch entzündungshemmend.

Muttermilchersatz

Heutzutage gibt es zwar für fast alle Tierarten Ersatzmilchpräparate zu kaufen, aber bei einem Notfall, z. B. am Wochenende, ist es vorteilhaft zu wissen, wie man sich mit Kuhmilch behelfen kann.

Ferkel: 1 Liter Kuhmilch, 1 Eidotter, 50 ml Rahm (30 % Fett), Vitaminzusatz (ADEC) miteinander vermischen. Fütterung: 2 Wochen lang 5 bis 6 x täglich jeweils 50 bis 150 ml, ab der 3. Woche 3 x täglich bis zu 200 ml.

Fohlen: 640 g Kuhmilch, 320 g Wasser, 35 g Traubenzucker, Vitaminzusatz miteinander vermischen. Fütterung: 1 Woche lang 12 x täglich die Menge von 0,5 bis 1 % des Körpergewichts, ab der 2. Woche 6 x täglich 2 bis 3 % des Körpergewichtes.

Lamm: 1 Liter Kuhmilch, 1 Ei, 2 bis 3 Esslöffel Rahm miteinander vermischen. Fütterung: 1 Achtelliter (125 ml) in Abständen von 2 bis 3 Stunden.

Es empfiehlt sich dringend, immer ein Quantum an eingefrorener Kolostralmilch (Biestmilch) vorrätig zu halten und es bei Bedarf langsam und schonend im warmen Wasserbad aufzutauen!

Nachgeburtsverhalten

Üblicherweise geht die Nachgeburt innerhalb von Stunden spontan ab, bei Pferden wesentlich früher als bei Rindern und Schafen. Bei Rindern kommt es häufig durch Zwillingsgeburten zum Verhalten (eine Plazenta löst sich, die zweite bleibt hängen) und nach Normalgeburten im Zuge von Wetterumschwüngen.

Die manuelle Abnahme habe ich bei Schafen immer am nächsten Tag vorgenommen, bei Rindern sogar erst, solange sie sich gesund zeigten, was gewöhnlich der Fall ist, ab dem 3. Tag, da sich bis dahin manchmal die Plazenta noch von selbst lösen kann. Wird es während der Abnahme leicht blutig, sollte man abbrechen, um die Gebärmutterschleimhaut nicht zu verletzen. Gleiches gilt, wenn die Nachgeburt trotz angemessenen Krafteinsatzes weiterhin festsitzt. Eventuell kann man es nach 48 Stunden nochmals versuchen. In jedem Fall ist eine antibiotische Gebärmuttereinlage angezeigt. Sollte die Kuh Allgemeinsymptome wie Fieber und verminderte Fresslust oder ständiges Pressen zeigen, muss man zusätzlich einen Entzündungshemmer (kein Kortison!) und ein Antibiotikum parenteral, d. h. entweder intramuskulär oder intravenös, verabreichen. Als sehr wirksam erweist sich Tylosin[Ⓜ]!

Um spätere Fruchtbarkeitsstörungen zu vermeiden, sollten Rinder unbedingt zwischen 10 und 14 Tagen nach der Geburt mit einer überkörperwarmen 4%igen Lotagen[Ⓜ]-Lösung gespült werden.

Bei Pferden, die wesentlich empfindlicher sind, darf man nicht allzu lange warten (Hufrehegefahr!). Ein bewährter Grundsatz lautet: „Nach 6 Stunden sollte was geschehen, nach 12 Stunden muss etwas geschehen!" Prophylaktisch ist eine parenterale Gabe von Entzündungshemmern und Antibiotikum empfehlenswert. Ich war mit Gentamycin[Ⓜ] (Achtung, lange Wartezeit!) stets erfolgreich. Spätestens nach 24 Stunden muss die Stute einer Gebärmutterspülung mit 10 bis 20 Litern Kochsalzlösung (250 g Salz auf 10 Liter überkörperwarmes Wasser, 2 bis max. 3 x wiederholen, zwischenzeitliches Abhebern der Flüssigkeit notwendig!) Unter Abhebern ist die Entfernung der Spülflüssigkeit aus der Gebärmutter zu verstehen, indem man über einen eingeführten Schlauch die Salzlösung einbringt und, sobald der Uterus voll ist, das äußere Ende des Schlauches, in dem sich noch Flüssigkeit befinden muss, rasch Richtung Boden absenkt. Durch den entstehenden Unterdruck wird die Gebärmutter wieder entleert. Danach eine antibiotische Gebärmuttereinlage einbringen und evtl. die parenterale Behandlung wiederholen.

Alternative zur Handabnahme (manuelle Lösung der Nachgeburt): Oxytocin hochdosiert in physiologischer Kochsalzlösung intravenös infundieren. Der Erfolg stellt sich jedoch nicht immer ein!

Homöopathie: *Caulophyllum D30* (erhöht die Wehentätigkeit), *Sabina D30* (reguliert die Nachwehentätigkeit, führt zur Quellung der Uterusschleimhaut), *Aristolochia D30*, *Pulsatilla D30*, *Tarantula D30* bewirkt die Ablösung des toten Gewebes vom gesunden.

Phytotherapie: Tee aus kanadischer Gelbwurz, Eberraute und Frauenmantel.

Akupunkturpunkte: Blasenmeridian: Bl 27, 28, 31, 60, 64. Milz-Pankreas-Meridian: MP 5, 6.

Ödeme

Ödeme sind Schwellungen mit Flüssigkeitsansammlungen in verschiedenen Körperregionen. Auch innere Organe (z. B. die Lunge oder das Gehirn) können davon betroffen sein. Es handelt sich um massive Störungen im Flüssigkeitshaushalt, entweder durch Organerkrankungen (Herz, Leber, Niere), Abflussbehinderungen im Gefäß- und Lymphsystem aufgrund von Entzündungen, Thrombosen, Tumoren oder das sogenannte Eiweißmangelsyndrom, volkstümlich als „Hungerödem" bezeichnet. Auch ein verminderter Elektrolythaushalt kann dafür verantwortlich sein.

Am häufigsten kommen die gut erkennbaren Unterhautbindegewebsödeme vor, besonders am Triel des Rindes (Herz) und am Euterrund um die Geburt (hormonell), zwischen den Unterkiefern beim Schaf (Leberegel!) sowie an Vorderbrust, Unterbauch und Gliedmaßen beim Pferd.

Die Umfangsvermehrungen sind weichelastisch, es lassen sich oft Fingereindrücke anbringen. Entzündliche Ödeme sind dazu schmerzhaft.

Typisch für das Lungenödem ist neben der hochgradigen Atemnot der bierschaumartige Ausfluss aus Nase und Mund.

Behandlung: Zuallererst muss die Ursache geklärt werden, um eine zielgerichtete Therapie einzuleiten.

Bei Herzleiden kann ein Aderlass vorerst Linderung bringen mit anschließender Verabreichung von Mitteln gegen die Herzschwäche. Ebenso ist der Aderlass beim Lungenödem angezeigt, geht dem eine Bronchitis mit Bronchienverengung zuvor, ist neben der entsprechenden Antibiose auch der kurzfristige Einsatz von Kortison zwingend.

Das Euterödem lässt sich unmittelbar nach der Geburt hervorragend mit Diuretika (harntreibende Substanzen) reduzieren (Lasix®-Tabletten, 500 mg, je 5 Tabletten auf einmal, 4 Tage lang).

Beinödeme werden mittels wechselnder Kalt-Warm-Wasser-Duschen, Bandagen und viel Bewegung therapiert.

Homöopathie: Nie allein bei lebensbedrohlichen Zuständen eingeben!

- Generell *Apis*
- bei Lungenödem: *Convallaria, Kalium carbonicum, Ammonium jodatum*

- bei Herzinsuffizienz: *Convallaria, Strophantus, Digitalis, Apocynum*
- bei Niereninsuffizienz: *Berberis, Solidago, Apocynum, Scilla*
- bei Beinödemen: *Aesculus hippocastanum, Ananas comosus, Hamamelis, Ruscus aculeatus*

Phytotherapie: Rosskastanienumschläge und -salben sowie Mäusedorn-Brennnessel-Tee.

Eine Punktion von Ödemen ist nicht zielführend, da die Flüssigkeit nicht frei, sondern geleeartig im Gewebe eingelagert ist!

Panaritium

Das Panaritium entspricht der Nagelbettentzündung beim Menschen. Es ist eine plötzlich auftretende Entzündung im Zwischenklauen- und Saumbereich, welche im fortgeschrittenen Stadium zum Gewebszerfall mit Eiterung führt.

Es gibt zwar auch Keime, die das Klauenhorn durchdringen können, meist liegt die Ursache jedoch in kleinsten Hautverletzungen, begünstigt durch nasse Bodenbeschaffenheit.

Symptome: Spontan auftretende, hochgradige Lahmheit und Schwellung im Zwischenklauenspalt und der Fesselbeuge, wodurch es zu einer Spreizung der Klauen kommt. Bleibt das Panaritium auf längere Zeit unbehandelt, kommt es zum Eiterdurchbruch nach außen oder im ungünstigen Fall nach innen in das Klauengelenk oder sogar zu einer aufsteigenden Infektion.

Behandlung: Unbedingt Antibiose (Cephalosporine) + Entzündungshemmer! Im Anfangsstadium reicht eine Behandlung aus. Ist es aber bereits zum Eiterdurchbruch gekommen, sind zusätzlich lokale Maßnahmen gefordert. Warme Fußbäder mit Heublumen oder verdünntem Creolin®. Dieses ist leider nicht mehr in Österreich erhältlich, man kann es aber über das Internet problemlos bestellen. Nach dem Bad bis zum nächsten eine Honigsalbe oder eine Zugsalbe auftragen.

Homöopathie: Diese kann nur als Zusatz angewendet werden! *Apis*, *Belladonna*, *Bryonia* (Berührungsempfindlichkeit), *Hepar sulfuris* (bei Eiterung), *Mercurius solubilis corrosivus* (bei Geschwürbildung), *Silicea* (Nachbehandlung), *Natrium sulfuricum.*

Vorsicht!
Panaritium ist ansteckend, auch für Menschen! Daher bei lokalen Anwendungen immer Handschuhe tragen!

Pansenfäule/Pansenalkalose

Die Pansenfäule entsteht bei zu reichlicher Eiweißfütterung! Der pH-Wert im Pansen steigt auf bis zu 8 bzw. 8,5 an!

Symptome: Fressunlust, Milchrückgang, Aufblähung, Koliken, profuser (überreichlich fließend), stinkender Durchfall. In letzter Konsequenz folgen Leber- und Nierenschäden.

Behandlung: Senken des pH-Wertes auf das natürliche Niveau von 6,2 bis 7,2 mit Essig- bzw. Ameisensäure. Rohfaserreiches Futter verabreichen.

Hausmittel: Neubeimpfung des Pansens mit gesunder Flora mittels Wiederkaubissen ►.

Homöopathie: *Kalium carbonicum, Natrium muriaticum, Nux vomica, China.*

Parasitosen

Aufgrund der milderen Winter nimmt der Parasitenbefall bei unseren Nutztieren vermehrt zu!

Bei Kälbern treten vorwiegend Kryptosporidien ▶ und Kokzidien ▶ (siehe Kälberdurchfall) auf. Der Befall an übrigen Würmern zeigt sich durch struppiges Fell, Abmagerung und einem in der Relation zu den schwach bemuskelten Oberschenkeln großen Bauch.

Kalbinnen können während der Weideperiode eine ganze Anzahl an Würmern aufsammeln, besonders aufpassen muss man, wenn die Tiere zu husten beginnen. Dabei bemerkt man häufige, **trockene** Hustenanfälle!

Das kann ein Anzeichen für einen Lungenwurmbefall bedeuten! Hier sollte man möglichst schnell ein Breitband-Wurmmittel spritzen, ehe sich eine eitrige Bronchitis oder Lungenentzündung entwickelt, die fast immer unheilbar ist.

Bei erwachsenen Rindern spielt der große Leberegel die Hauptrolle! Anzeichen: erhaltene Fresslust, aber Abmagerung und Abnahme der Milchmenge! Auch wechselnde Kotbeschaffenheit kann darauf hindeuten.

Die Untersuchung von Kotproben ist nicht sehr zielführend, da Leberegel ihre Eier unregelmäßig ausscheiden, sodass eine solche Probe durchaus negativ ausfallen kann. Es empfiehlt sich, vorsorglich ein Leberegel-Präparat oral zu verabreichen.

Unter Pferdeparasiten sind Spulwürmer (Strongyliden) und gegebenenfalls Bandwürmer von Bedeutung! Hier ist es durchaus sinnvoll, den Kot zuvor untersuchen zu lassen, um eine gezielte Behandlung vorzunehmen. Dabei ist es wichtig, immer eine leichte Überdosis Wurmmittel zum Körpergewicht zu geben, um Resistenzen der Schmarotzer vorzubeugen. Auch ein Wechsel des Wirkstoffes sollte hin und wieder vorgenommen werden!

Ein großer Fehler ist es bei allen Tierarten, die Entwurmung erst im Frühjahr vor dem Weidegang durchzuführen. Die Parasiten werden beim Grasen aufgenommen und haben so die gesamte Stallperiode Zeit, sich zu entwickeln. Daher gilt: Sobald die Tiere im Spätherst von der Wiese weg sind, sofort entwurmen. Dadurch gelangen die Tiere parasitenfrei über die Winterzeit (im Stall wird bekanntlich nicht gegrast) und man erspart sich, wie es häufig geschieht, eine zusätzliche Entwurmung im Frühjahr!

Für kleine Wiederkäuer gilt ebenso das oben Gesagte!

Schweine werden ja meist in der Box gehalten, und wenn sie im Sommer auf die Alm kommen sollten, werden sie bald nach dem Abtrieb geschlachtet, sodass ein möglicher Parasitenbefall meist keine größeren gesundheitlichen Auswirkungen hat.

Phlegmone

Bei einer Phlegmone handelt es sich um eine Unterhautbindegewebsentzündung, die im späteren Stadium eiterig werden und sich bei geschwächter Immunabwehr als Sepsis (Blutvergiftung) im gesamten Körper ausbreiten kann. Verursacht wird sie durch Bakterien, die entweder über kleine Verletzungen oder aber durch geschädigte Hautstellen eindringen.

Bei Pferden entstehen Phlegmonen vorwiegend an den Hinterbeinen im Zuge einer Erkrankung der Fesselbeuge wie Mauke (Räudebefall).

Kühe weisen Phlegmonen bevorzugt an den Sprunggelenken der Hinterextremitäten auf, da sich beim Liegen auf feuchten Gummimatten die exponierten Stellen gerne aufscheuern.

Es kommt zur weichen Schwellung, manchmal auch Rötung der Haut, wobei gewöhnlich wenig Schmerzhaftigkeit vorliegt und eine Lahmheit kaum vorhanden ist. Allerdings gibt es auch (selten) sehr schmerzende und heiße Phlegmonen. Meist verläuft die Phlegmone fieberlos. Eine Ausnahme gibt es beim Pferd, bei dem das Bein oft bis weit hinauf stark verdickt ist.

Behandlung: Phlegmonesalbe, reines Lärchenpech, warme Kartoffel- bzw. Topfenumschläge, warme Lehmpackungen. Wärme fördert die Durchblutung und somit den Abtransport von geschädigtem Gewebe. Auf keinen Fall kühlen! Wenn Fieber oder die Tendenz zur Ausbreitung besteht, ist die Anwendung von Antibiotika und eines Entzündungshemmers (kein Kortison!) unumgänglich. Von den häufig verwendeten Angussverbänden rate ich in diesem speziellen Fall ab, da sie zwar zu Beginn durchaus einen wärmenden Effekt haben können, dann aber rasch abkühlen.

Homöopathie: *Arnica, Hepar sulfuris, Streptokokken- und Staphylokokken-Nosode.*

Prophylaxe: Öfters Kontrolle der Fesselbeugen und der äußeren Sprunggelenksseiten. Zu Beginn bemerkt man eine kreisrunde kahle oder bereits wunde Stelle. Diese wird für einige Tage mit Holzteer abgedeckt.

Phosphormangel

Dieser Mangel tritt selten gemeinsam mit Milchfieber auf. Die Tiere zeigen sich nach einer Calciuminfusion wieder munter, misten problemlos und fressen, können jedoch hinten nicht aufstehen (hundesitzartige Stellung). Dies ist aber auch völlig isoliert davon möglich! Reiner Phosphormangel nach Geburt ohne vorheriges Milchfieber ist mit obiger Symptomatik allerdings auch möglich!

Behandlung: Käufliche Phosphorpräparate, aber zusätzlich **unbedingt** *Calcium phosphoricum D30* bzw. *C30* + *Rhus toxicodendron D30.*

Die Tiere stehen normalerweise innerhalb von 24 bis 36 Stunden auf!

Wichtig!
Festliegende Tiere müssen mindestens 2 x täglich auf die andere Körperseite gewälzt werden, sofern sie das nicht von selbst tun.

Reanimation neugeborener Kälber

Siehe ▶▶ Abortus, lebensschwache Kälber.

Scheidenvorfall

Seit die Anbindehaltung im Kurzstand verschwunden ist, tritt der Scheidenvorfall viel seltener auf als früher. Er ist eine Kombination aus einem Östrogenüberschuss im Rahmen rund um die Geburt (vorher bzw. nachher) und einer angeborenen oder altersbedingten Gewebsschwäche.

Symptom: Besonders im Stadium der Hochträchtigkeit erscheint bei der liegenden Kuh die ausgestülpte Scheidewand, manchmal sogar mit sichtbarem Muttermund, als rosa Kugel außerhalb der Schamspalte. Rutscht der Vorfall beim Aufstehen des Tieres von selbst wieder hinein, handelt es sich um einen leichteren Fall. Verschwindet das Gebilde jedoch auch im Stehen nicht mehr, kann sich das Gewebe durch Austrocknung und Verschmutzung entzünden und schließlich den Geburtsvorgang behindern.

Therapie: Gründliche Reinigung der vorgefallenen Teile mit Schmierseife und kaltem Wasser, danach Auftragen eines Gemisches aus Heilsalbe (Ringelblume) zur Erhaltung der Feuchtigkeit und der homöopathischen Traumeelsalbe®. Beim permanenten Vorfall braucht es nach der Reposition zusätzlich einen chirurgischen Scheidenverschluss **T**, der aber rechtzeitig zur Geburt gelöst werden muss! Zum Scheidenverschluss ist das Bühnerband dem Flessaverschluss vorzuziehen. Zur Pflege der Verschlusswunden nimmt man ein Desinfektionsmittel und danach eine Heilsalbe.

Homöopathie: *Lilium tigrum, Fraxinus, Sepia* (immer bei älteren Tieren mit Gewebsschwäche angezeigt).

Prophylaxe: Hochträchtige Tiere nie nach hinten abschüssig lagern und den Ammoniakgehalt im Stall so gering wie möglich halten. Es gibt auch sogenannte „Vorfallgeschirre“, die am Scheidenausgang angebracht werden, sie sind aber nicht sehr effizient und lassen sich im angelegten Zustand kaum reinigen, was den Verschmutzungsgrad erhöht.

Sohlenspalten/Sohlengeschwür

Bei Lahmheit unbedingt die Sohle kontrollieren!

Durch überlange Klauenspitzen verlagern die Tiere ihr Körpergewicht nach hinten, sodass das weichere Ballenhorn überbeansprucht und die Sohlenlederhaut gequetscht wird. Kommt noch Nässe hinzu, entwickelt sich dort zunächst unter dem Horn ein geschwüriges Abszess, welches später sogar die Sohlenlederhaut freilegen kann. Fast immer sind die äußeren Klauen betroffen, da auf ihnen das Hauptgewicht ruht!

Symptome: Hochgradige Lahmheit, aber ohne Schwellung. Die Tiere versuchen mit nach hinten gestellten Beinen den Druck auf die schmerzende Region zu vermindern.

Behandlung: Klauenkorrektur: Mit der Klauenzange die schmerzhafte Stelle aufsuchen und in die Tiefe nachschneiden, bis sich der Eiter entleert. Anschließend die Wundhöhle mit 20%iger Lotagenlösung[Ⓜ] ►► ausspülen oder den Fuß in ein Klauenbad mit einer Creolinverdünnung[Ⓜ] ►► (siehe Panaritium) für mehrere Minuten stellen. Danach auf die gesunde innere Klaue einen Klauenschuh anbringen, damit die erkrankte Seite in der Luft schwebt und ausheilen kann. Die operative Öffnung im Anschluss mit Holzteer versiegeln (Erneuerung über mehrere Tage lang).

Homöopathie: *Arnica, Apis, Hepar sulfuris, Hypericum* + *Ledum* (wenn die Sohlenhaut verletzt ist).

Starrkrampf/Tetanus

Tetanus wird durch ein im Boden, besonders im Erdreich, vorkommendes, sehr widerstandsfähiges und schwer zu behandelndes Bakterium, welches Nerventoxine produziert, verursacht. Pferde und Schafe sind besonders empfindlich, Rinder nur in geringem Maße, Hunde und Katzen gar nicht. Das Bakterium tritt durch eine Verletzung, sei es durch eine Schleimhautwunde in der Mundhöhle (z. B. bei Zahnverlust), einen Stich (Nageltritt, Gabelstich ►►), Nabelinfektion, Kastration, über die Geburtswege und stumpfe Verletzungen der Haut (Quetschwunden) in den Körper ein. Die Inkubationszeit beträgt 2 bis 21 Tage. Je näher die Eintrittspforte am Zentralnervensystem liegt, desto kürzer ist sie.

Symptome: Kiefersperre, Schluck- bzw. Kaulähmung, Vorfall des 3. Augenlides, steifer Gang, Sägebockstellung, Übererregbarkeit, Festliegen.

Behandlung: Tetanusantitoxin (!) in hoher Dosierung, Muskelrelaxantien, Schmerzmittel, Infusionen zur Wiederherstellung des Elektrolyt- und Säure-Basen-Status verabreichen, gegebenenfalls Zwangsernährung über Nasen-Magen-Sonde.

Homöopathie: *Curare C200, Strychninum nitricum, C10.000, Nux vomica C10.000* 3 bis 6 x täglich, *Hypericum* 3 bis 6 x täglich, *Cuprum C200, Tetanus-Nosode* 2 x tägl.

Prognose: Schlecht! Die Überlebenschance ist gering! Bei Festliegen ist die Behandlung aussichtslos, der Tod tritt durch Atemlähmung ein!

Prophylaxe: Tetanusimpfung (aktiv) alle 2 bis 3 Jahre, bei Verletzungen und Operationen Tetanusantitoxin (passiv)!

Starkblutende, große, offene Wunden sind weniger starrkrampfgefährdet als verdeckte, zu denen kein Sauerstoff Zutritt hat!

Vorbeugend können bei (Stich-)Verletzungen auch *Ledum D30 + Hypericum D30* eingesetzt werden.

Sternguckerkrankheit

Dieser an sich hübsch klingende Name bezeichnet die im Fachjargon weniger anheimelnd lautende Zerebrokortikalnekrose, eine Hirnerkrankung.

Sie tritt bei Kälbern und Jungrindern bis zu einem Alter von ca. 18 Monaten auf und beruht auf einem Vitamin-B_1- (Thiamin-) Mangel, meist im Zuge der Rationsumstellung auf Kraftfutter. Üblicherweise wird das Vitamin von den Pansenbakterien erzeugt. Dazu benötigen sie aber eine genügende Menge an Raufutter. Ist der Rohfasergehalt jedoch zu gering, kommt noch der Umstand hinzu, dass Kraftfutter einen erhöhten Bedarf an Thiamin bedingt. Außerdem können in der Pansenflora Bakterien auftreten, die das Enzym Thiaminase bilden, welches das Vitamin B zerstört.

Infolge des Mangels entsteht ein Hirnödem, welches das Zentralnervensystem beeinträchtigt.

Symptome: Das namensgebende Hauptsymptom ist das typische Zurückbiegen des Halses nach oben, weiters eine Verengung der Pupillen bis zur Erblindung und unkontrollierte Augenbewegungen (Schielen). Störungen des Gleichgewichtes treten ebenso auf wie schaumiges Speicheln und Streckkrämpfe, vorwiegend an den Vorderbeinen. Schließlich kommt es zum Festliegen.

Behandlung: Sofortige Verabreichung von Vitamin B_1, dazu Kortison und entwässernde, harntreibende Mittel gegen das Hirnödem. Zusätzlich helfen Gaben von Bierhefe (guter Vitamin-B-Lieferant).

Homöopathie: *Apis, Urica urens, Cerebrum compositum.*

Phytotherapie: Aufgüsse von Birkenblättern, Brennnesseln, Petersilie, Löwenzahn, Wacholderbeeren.

Stichverletzung

Nageltritte, Gabelstiche und das Sich-Einrennen von spitzen Ästen führen zu tief ins Gewebe führenden Wunden. Nageltritte (durch verlorene Hufnägel anderer Pferde) sind selten geworden, ebenso Gabelstiche, weil infolge der zeitgemäßen Aufstallungen kaum mehr mit der Mistgabel hantiert wird.

Astverletzungen findet man jedoch in der Weideperiode immer wieder.

Behandlung: Sondieren des Wundkanals nach noch vorhandenen Holzresten, Antibiotikum 3 Tage lang verbreichen, eventuell zusammen mit Entzündungshemmer. Bei Pferden (Nageltritt) unbedingt eine hohe Dosis Tetanusserum zusätzlich spritzen, so das Tier nicht aktiven Impfschutz genießt. Da Rinder, wie erwähnt, nur ein geringes Risiko aufweisen, an Starrkrampf ▶ zu erkranken, ist die prophylaktische Gabe von Tetanusserum (teuer) hier nicht üblich, man sollte den Tierbesitzer über diese Möglichkeit aber informieren.

Ist der Nageltritt frisch, stellt man den Huf am besten für ein paar Minuten in ein warmes Wasserbad, dem Creolin® beigemischt wurde. Creolin ist in Österreich nicht mehr erhältlich, man bekommt es aber über das Internet aus Italien.

Homöopathie: Hauptmittel bei allen Stichverletzungen ist *Ledum palustre,* 2 bis 3 Tage lang. Besteht die Verletzung schon länger und es hat sich bereits Eiter gebildet, *Hepar sulfuris*, gefolgt von *Mercurius solubilis* verabreichen. Bei entzündlicher Schwellung rund um die Wunde zusätzlich *Apis.*

Tränk- und Fütterungsmanagement für Kälber

Kolostrum oder Biestmilch sollte vom Kalb möglichst rasch nach der Geburt aufgenommen werden, da der Gehalt an wertvollen Proteinen (Antikörper) schnell abnimmt (nach ca. 72 Stunden geht dieser Wert gegen Null) und die Darmwand sich immer mehr schließt. Anfangs ist sie nämlich noch für diese großen Eiweißkörper durchlässig, sodass sie unmittelbar ins Blut übertreten und dort ihren Infektionsschutz ausüben können (Kälber kommen ohne Immunabwehr zur Welt!). Sollte das Kalb daher nicht von sich aus innerhalb der ersten 6 Stunden trinken, muss es spätestens binnen 12 Stunden zwangsernährt werden. Am besten mit Hilfe eines Drenchers! Da besteht das geringste Risiko eines Fehlschluckens!

Wenn das Kalb Vollmilch zu sich nimmt, hat sich folgende Formel bewährt: 10 % des Körpergewichts bedeutet die Tagesmenge, d. h., die Hälfte davon wird als Mahlzeitmenge gefüttert! Ein 50 kg schweres Kalb erhält also 5 Liter Milch pro Tag und somit 2,5 Liter pro Tränke. Mit zunehmendem Gewicht des Kalbes erhöht sich dementsprechend die Milchmenge. Damit wird verhindert, dass der Labmagen eine zu große Portion nicht fassen kann und die Milch ungelabt in den Dünndarm überfließt, wo sie Durchfälle verursachen kann. Will man zwecks Mast eine schnellere Gewichtszunahme erreichen, verabreicht man die jeweils errechnete Menge ein drittes Mal zu Mittag.

Kälber sind Säuglinge und brauchen, ebenso wie Menschenbabys, mit der Zeit zusätzlich Flüssigkeit. Daher ist den Tieren neben der Milch auch separat Wasser anzubieten, spätestens im Alter von 14 Tagen (siehe Lecksucht ►)! Aber Achtung! Nie gewässerte Milch verwenden, da sonst das Labferment nicht greifen kann. Außerdem das Wasser nie aus dem Tränkgefäß mit Sauger bereitstellen, weil die Kälber sonst mehr, als sie brauchen, schlabbern würden (Saugreflex), sondern in einem gesonderten offenen Eimer anbieten. Ebenso ist abzuraten, zu wenig verfügbare Milch mit Milchaustauscher zu strecken, da es hier ebenfalls zur Verwässerung kommt.

Wenn die Zeit gekommen ist, von reiner Milchnahrung auf Festfutter umzustellen, gilt nachstehende Faustregel: Die Milch weglassen, 14 Tage lang gutes, weiches Heu plus Wasser füttern und erst danach auch Kraftfutter einsetzen. Die Pansenzotten sind bei Milchtrinkern noch nicht ausgebildet, daher muss ihr

Wachstum stimuliert werden, ansonsten kann auch das Kraftfutter nicht verwertet werden. Ganz schlecht ist die Gabe von Kraftfutter bei gleichzeitig bestehender Milchfütterung. Hier kommt es durch die Milchsäure oft zur Vergärung der Kohlenhydrate, wodurch Aufblähung und Durchfall entstehen können.

Trinkschwäche beim neugeborenen Jungtier (Weißfleischigkeit)

Weißfleischigkeit ist die saloppe Bezeichnung für eine Muskeldegeneration neugeborener Tiere, vorwiegend Kälber, aufgrund von Selen- und Vitamin-E-Mangel. Das Muskelfleisch erscheint im Gegensatz zur normalen Farbe blass.

Symptome: Hervorstechendes Merkmal ist die Unlust zum Trinken ab dem ersten Lebenstag. Manchmal liegt auch ein Unvermögen zum Schlucken vor. Teilweise können die Tiere mit dieser Erkrankung auch nicht stehen bzw. zeigen eine frequente Atmung, sodass viele Besitzer meinen, es läge eine Lungenentzündung vor.

Es gibt aber keine Lungenentzündung nach so kurzer Zeit, weil die Inkubationszeit dafür mindestens 5 Tage beträgt. Das Stehunvermögen und die beschleunigte Atmung beruhen auf einer Funktionsstörung der entsprechenden Muskulatur!

Meist handelt es sich nur um einen Selen-Vitamin-E-Mangel!

Homöopathie: Als Unterstützung soll *Pulsatilla D30* bzw. *C30* und *Apis D30* bzw. *C30* (beide besitzen das Arzneimittelbild Durstlosigkeit) und eventuell *Carcinominum D30* gegeben werden. Bei Schluckstörungen verabreicht man *Causticum D30* oder *C30. Arnica D30* oder *C30* ist immer empfehlenswert.

Manchmal steckt hinter einer Tränkeverweigerung aber auch eine Verwurmung. Ich hatte mehrere Fälle, bei denen Kälber bis zum 5. oder 6. Lebenstag völlig gesund schienen und danach plötzlich Appetitlosigkeit zeigten. Nach einer Wurmspritze war das Problem innerhalb von 48 Stunden verschwunden.

Trockenstellen

Das Trockenstellen dient der Regeneration der Milchdrüse und sollte nicht länger als 2 Monate dauern. Bei längeren Zeiträumen, vor allem in der Mutterkuhhaltung, kommt es gerne zur Verödung der feinen Milchgänge (siehe Zitzenverschluss/ Milchgangsverschluss ►).

Bewährt hat sich die Allgäuer Methode: **3 Tage** lang die Kuh nur **1 x** melken, danach ist Schluss. Das abrupte Trockenstellen ist ebenso wenig zu empfehlen wie eine Dauer über 1 Woche! Die Kuh weiß dann nicht: „Werde ich jetzt trockengestellt oder nur schlecht ausgemolken?", und reagiert nicht selten darauf mit einer Euterentzündung. Gleichzeitig ist die Fütterung auf eine karge, eiweißarme und kraftfutterlose Ration umzustellen.

Homöopathie: Damit gelingt das Trockenstellen in kürzester Zeit! *Phytolacca D1* oder *Urtica urens D30*, 2 bis 3 x pro Tag eingeben.

Zur Frage: Medikamentöse Trockensteller einsetzen oder nicht? Trockensteller haben, wie ich oft auf diese fälschliche Meinung gestoßen bin, keine Wirkung auf die Milchmenge. Es handelt sich lediglich um Antibiotika, die zu Beginn des Trockenstellens, solange sich noch nicht der natürliche Zitzenverschluss in Form eines Keratinpfropfens gebildet hat, eine Infektion verhindern sollen.

Hatte eine Kuh während der Laktation eine Mastitis, sollte man vor dem Trockenstellen eine Milchprobe durch ein entsprechendes Labor untersuchen lassen. Sind noch Keime vorhanden, hat ein gezielt ausgewählter Trockensteller durchaus Sinn. Bei einer eutergesunden Kuh rate ich jedoch vom unreflektierten Einsatz ab.

Umrindern, „Nachstieren“

Es ist zum Wahnsinnigwerden! Eine deutliche Brunst mit glasklarem Schleim, keine verlängerte Dauer (verspäteter Eisprung), der Besamungszeitpunkt passt und die Kuh bzw. Kalbin will trotz mehrfacher Versuche nicht trächtig werden.

Eine häufige Ursache ist ein höheres Alter von Kalbinnen (nicht älter als maximal 2 Jahre!) oder wenn die Tiere zu fett sind (Mastkondition!).

Ansonsten verabreicht man eine Scheidendusche (10%ige heiße Salzlösung) einige Stunden vor der Besamung. 24 Stunden nach der Künstlichen Befruchtung instilliert (Einbringen von geringeren Mengen einer Flüssigkeit in ein Hohlorgan) man in die Gebärmutter eine 4%ige **Lotagen®-Lösung** und belässt sie dort. Bis das befruchtete Ei den Eileiter hinabsteigt, ist die Flüssigkeit resorbiert.

Eine Injektion von 2 ml Gonadotropin **T** intramuskulär gleich im Anschluss an die Besamung hat in der Mehrzahl der Fälle ebenfalls geholfen!

Homöopathie: Zusätzlich gibt man *Luteinum C30* (am 1. Tag der Brunst, nach der Besamung wiederholen) und *Progesteronum C200* nach der Besamung 1 Woche lang.

Bei fetten Tieren hat sich manchmal auch ein Aderlass (besonders beim Pferd) 1 bis 2 Tage zuvor bewährt, ebenso ist es ein alter Bauerntrick, solche Tiere einige Tage bis kurz vor der Befruchtung durch Arbeit oder Bewegung ordentlich zum Schwitzen zu bringen.

Warzen

Warzen sind durch ein Virus bedingt und treten in den verschiedensten Formen und an den unterschiedlichsten Körperstellen auf. Am häufigsten sind die Augenumgebung, die Hals- und Bauchregion sowie die Zitzen betroffen.

Gestielte Warzen kann man mit einem Gummiband abbinden, fadenförmige Warzen lassen sich leicht mit Daumen und Zeigefinger abzupfen. Große, am Bauch baumelnde Warzen, die eine unregelmäßige, höckerige Oberflächenstruktur besitzen (blumenkohlartig) und an einem dicken Stiel sitzen, kann man vorerst getrost den Weidegang über im Sommer belassen. Manche davon wachsen sich selbst tot, andere beginnen leicht zu bluten, was insofern günstig ist, da es zu einer Eigenimmunisierung kommen kann.

Für einzelne, kleinere Warzen kann man eine käufliche Warzensalbe benutzen und täglich anwenden, bei einem weit verstreuten Warzenrasen ist das zu mühsam. Es gibt auch fertige Warzenimpfstoffe, die aber erstens teuer und zweitens nicht immer erfolgreich sind. Man kann auch Warzengewebe an ein Institut in Klagenfurt oder Wien einschicken, um daraus eine „stallspezifische" Vaccine herstellen zu lassen. Für diese gilt meiner Erfahrung nach das oben Gesagte. Besser ist es, einen selbstgemachten „Impfstoff" herzustellen. Dazu entfernt man einige gut zugängliche Warzen mit dem Messer, reinigt sie gründlich und homogenisiert das Ganze in einem Muser oder Mörser und spritzt es zusammen mit Eigenblut des Tieres unter die Halshaut **T**. Wiederholung nach 1 Woche. Wer nicht in der Lage ist, Eigenblut zu gewinnen, nimmt stattdessen physiologische Kochsalzlösung oder destilliertes Wasser.

Homöopathie: Unterstützend können folgende Mittel eingesetzt werden:

- *Thuja*: Hauptmittel bei gestielten, höckerigen Warzen
- *Antimon crudum*: bei tiefsitzenden, hornartigen Warzen
- *Causticum*: flache Warzen, die einzeln oder in Gruppen auftreten. Im Wechsel mit *Calcium carbonicum* bei Euterwarzen von Jungtieren
- *Sabina*: Warzen im Genitalbereich

Man muss realistisch sein und Geduld haben! Die Wirkung kann oft bis zu 2 Monate dauern!

Hausmittel

- Den milchigen Saft von Löwenzahn aufträufeln.
- Salz-Obstessig-Gemisch (Verhältnis 1 : 4) auftropfen.
- Den Saft frischer saurer Äpfel morgens und abends auftragen.
- Eiswürfel mehrmals täglich auf die Warze pressen.
- Schöllkrautsaft oder Hauswurzblättersaft mehrmals täglich aufträufeln.
- Zerdrückten Knoblauch (alternativ Zwiebel) auf die Warze aufbringen, dort für einige Stunden belassen, täglich wiederholen. Anschließend einige Tropfen Rizinusöl auftragen.

Wunden

Entscheidend ist die Art der Wunde!

Oberflächliche Verletzungen: Beliebiges Desinfektionsmittel (z. B. Betaisodona^Ⓜ Octenisept^Ⓜ Desderman^Ⓜ), danach mit Lotagen^Ⓜ-Lösung abtupfen (vor allem bei nässenden Wunden, wirkt auch blutstillend), zur Abheilung Ringelblumensalbe bzw. Propolissalbe auftragen und *Arnica* eingeben.

Schnitt- oder Stichverletzungen ►: Neben der allgemeinen Wundversorgung zusätzlich *Ledum* und *Staphysagria.*

Tiefe Wunden: Sofern keine Naht notwendig ist, sicherheitshalber eine antibiotische Abdeckung und tägliche Wundspülung mit 20%iger Lotagen^Ⓜ-Lösung oder einem Rosenwurzsud ► vornehmen. Kleiner Tipp: ich habe schon lange beim Pferd nicht mehr genäht, da diese Tiere zum Nahtausriss nach 6 oder 7 Tagen neigen, sondern eine offene Wundbehandlung bevorzugt.

Schlecht heilende Wunden: *Calendula* + lokal Ringelblumensalbe, Propolissalbe oder Honig.

Phytotherapie: Holunderblütensalbe. Brennnesselblätter (bei Wundheilungsstörungen) zermörsern, eine Prise Salz hinzufügen. Mit dem Saft ein Baumwoll- bzw. Leinentuch tränken und an der betreffenden Stelle fixieren. Buchenholzteer (auf großflächige, nässende Wunden) auftragen.

Wenn verfügbar, ist bei allen Wunden eine Behandlung mit einem **Soft-Laser** von großer Wirksamkeit!

Zahnprobleme

Das „Zahnen" stellt bei Kalbinnen manchmal ein Problem dar, da der Zahnwechsel von Milch- auf Dauerzähne so um das zweite Lebensjahr stattfindet. Deutliche Hinweise sind mit Speichel durchtränkte Wiederkaubissen im Futtertrog. Nach Fixierung des Tieres und Einsetzen eines Maulkeiles tastet man die Zahnreihen ab und rüttelt daran. Meist spürt man das Wackeln eines einzelnen Milchzahnes. Dieser wird entweder nur durch Fingerkraft oder unter Zuhilfenahme einer Zahnzange herausgebrochen. Mit einer schmalen, am besten gewinkelten Zange kann dies der Tierbesitzer selbst vornehmen.

Anschließend sollte man 2 bis 3 Tage lang *Arnica* verabreichen.

Bei Pferden fangen die Zahnprobleme um das 10. Lebensjahr herum in Form von Zahnspitzen an. Ungleichmäßig abgenutzte Backenzähne bilden dabei scharfe, meißelartige Fortsätze, die das Fressen behindern. Nach Betasten der Mundhöhle (Maulkeil gut fixieren) werden die Spitzen mittels einer Zahnraspel (manuell bzw. elektrisch) abgefeilt **T**.

Zitzenquetschung

Wenn bei einer Kuh plötzlich von einer Melkzeit auf die andere der Melkakt schmerzhaft und der Milchentzug nur unter erschwerten Bedingungen möglich ist, dann handelt es sich zu 100 % um eine stumpfe Quetschung des Schließmuskels, unabhängig davon, ob an der Zitzenspitze eine Verfärbung oder gar eine Kruste sichtbar ist.

Das verlangt den sofortigen Absatz der Melkmaschine von dem betroffenen Viertel, denn der maschinelle Entzug würde die Quetschung nur verschlimmern, die anderen Viertel können aber normal weiter gemolken werden! Das verletzte Viertel darf nebenbei mittels der Hand ausgemolken werden. Ist dies aufgrund der heftigen Abwehrbewegungen der Kuh oder der Unmöglichkeit, einen Milchstrahl zu erzeugen, vergeblich, empfiehlt es sich, das betroffene Viertel für ca. 10 Tage nicht anzurühren!

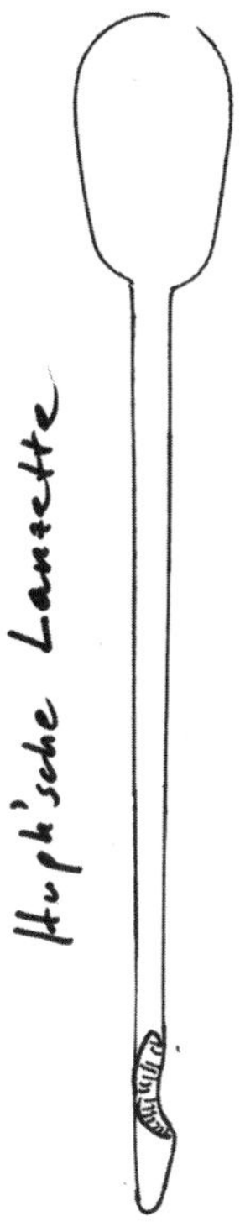

Erst danach ist eine operative Zitzenerweiterung **T** angesagt. Das Anbringen eines Zitzenkatheters bringt zwar eine vorübergehende Lösung, allerdings besteht eine hochgradige Mastitisgefahr und beim gewaltsamen Entfernen nach einiger Zeit wird der Schließmuskel erneut beleidigt. Vom Einsatz von Wollzitzenstiften rate ich dringend ab! Sie reizen das irritierte Gewebe zusätzlich, verschlimmern die Situation und begünstigen das Auftreten von Euterentzündungen! Auch die instrumentellen Zitzenräumer richten mehr Schaden im Strichkanal an, als sie Nutzen bringen, selbst wenn danach ein oder zwei Melkzeiten lang alles in Ordnung scheint.

Als einziges Instrument empfehle ich die **„Hugh'sche Lanzette"**. Nach 10 bis 14 Tagen ist die Schließmuskelverletzung vernarbt und genau diese Narbe wird nun, nach vorheriger Lokalanästhesie mittels Einbringen des Medikaments in den Strichkanal, von innen mit der desinfizierten Lanzette durch vier Schnitte in Richtung von 3, 6, 9 und 12 Uhr durchtrennt, bis der Milchstrahl etwas stärker hervorschießt als bei den gesunden Zitzen, da sich seine Dicke durch den Heilungsprozess wieder verringert. Sollte es zu einer Blutung kommen, welche aufgrund von Verklebungsgefahr ungünstig wäre, appliziert man 3 Milliliter **Lotagen**®-Konzentrat, das für ca. 2 Minuten an der OP-Stelle verbleibt.

Achtung!
Das Mittel darf ja nicht nach oben in die Drüse gelangen, daher ist es notwendig, die Zitze oberhalb mit den Fingern zusammenzudrücken.
Danach wird das **Lotagen**® wieder herausgemolken.

Wichtig ist auch die Nachbehandlung: 1 Woche bis 10 Tage keinen Melkbecher auf die Zitze stecken, sondern weiterhin von Hand melken und dabei einen speziellen Melkgriff anwenden. Die Strichkanalöffnung wird dabei mit Daumen und Zeigefingern fest komprimiert, während die andere Hand Milch in die Zitze presst. Sobald sich diese aufbläht, den Schließmuskel loslassen und den Milchstrahl unter Druck herausschießen lassen. Dieses Manöver wird unmittelbar einige Male durchgeführt, und zwar direkt nach der Operation 6 x alle halben Stunden, dann stündlich bis zum Schlafengehen fortgeführt und die nächsten Tage jedes Mal vor dem Handmelken wiederholt.

Wenn man es richtig macht, ergibt sich ein 100 %iger Erfolg ohne Euterentzündung!

Als Naturheilmittel sind *Traumeel®-Salbe* und das Ansetzen von Blutegeln angezeigt.

Zitzenverschluss/Milchgangsverschluss

Es kommt öfters vor, dass man nach der Geburt beim ersten Melken draufkommt, dass aus der einen oder anderen Zitze keine oder nur sporadisch Milch zu gewinnen ist!

Das kann zweierlei Ursachen haben. Entweder ist der Schließmuskel verwachsen oder aber die zahlreichen feinen Milchgänge sind verschlossen, die in die Zisterne münden.

Die Kardinalfrage zu einem weiteren Vorgehen ist diese: Füllt sich die Zitze beim Herunterstreifen, betrifft das ausschließlich den Schließmuskel und man verfährt, wie im Kapitel „Zitzenquetschung“ ► beschrieben.

Bleibt hingegen die Zitze leer wie ein Handschuhfinger, erübrigt sich jede Maßnahme, da in diesem Fall sämtliche Milchgänge oberhalb der Zisterne verschlossen sind und es keine Möglichkeit gibt, diese chirurgisch zu öffnen.

Daneben existiert noch die dritte Variante, dass zwar einige Strahlen ermolken werden können, danach jedoch Schluss ist und sich der Vorgang erst nach einer Wartezeit von ca. 10 Sekunden wiederholen lässt. Das bedeutet, dass nicht alle Milchgänge verklebt sind, sondern nur der größere Teil und aus den restlichen sickert etwas Milch in die Zisterne. Ist diese dann leer, dauert es eben, bis sie wieder durch den schwachen Zustrom gefüllt wird.

Diese zwei Phänomene treten gerne dann auf, wenn die Kuh länger als 3 Monate nicht mehr gemolken bzw. besäugt wurde (Mutterkuhhaltung nach Verkauf der Kälber!). Die Diagnose kann der Tierbesitzer ohne Weiteres selbst stellen, dazu braucht er nicht extra den Tierarzt zu holen.

In beiden Fällen lässt man die Zitze in Ruhe, bei der Melkmaschine klemmt man den entsprechenden Becher ab und das Viertel stellt sich mit der Zeit von selbst trocken, allerdings ist die Milchgewinnung daraus auf Dauer nicht mehr möglich. Ein prüfender Handgriff auf das Viertel zwecks Früherkennung einer sich einstellenden Mastitis empfiehlt sich zwar, aber ich habe es nie erlebt, dass es dabei zu einer Euterentzündung gekommen ist. Nicht einmal dann, wenn doch ein wenig Milch austritt!

Zungenlähmung

Wie der Name besagt, liegt eine mehr oder weniger ausgeprägte Lähmung der Zunge vor.

Als Ursachen kommen die Sternguckerkrankheit ▶▶, Botulismus ▶▶, eine Verletzung (Trauma) oder das Vitamin-B_1- (Thiamin-) zerstörende Enzym Thiaminase im Darm in Betracht.

Eine Vitamin-B-Injektion behebt das Problem (Ausnahme Botulismus und Trauma) meist innerhalb von ein paar Stunden, da aber Rückfälle nach mehreren Tagen drohen, setzt man die Behandlung über geraume Zeit mit Futterzugaben von Bierhefe fort!

Zysten

Die Rede ist von Eierstockzysten! Die Ursachen dafür können vielfältig sein, u. a. genetische Veranlagung, Hormonstörung, Fütterungs- und Haltungsfehler.

Zur Zystenbildung kommt es, wenn ein heranreifendes Ei sich nicht zum sprungreifen Follikel entwickelt, sondern bestehen bleibt oder sogar weiterwächst und dabei beständig das Brunsthormon Östrogen bildet. Sehr große Zysten (apfel- bis mandarinengroß) sind heutzutage eher selten anzutreffen, meist bleibt es bei einer kleinzystischen Degeneration. Dabei können auch mehrere Zysten am selben Eierstock auftreten.

Die Diagnose wird rektal gestellt. Aber in der überwiegenden Zahl der Fälle gibt es auch äußerliche Anzeichen. Ständige Schleimproduktion, aber zähflüssiger als gewöhnlicher Brunstschleim und das Einbrechen der Beckenbänder wie vor der Geburt sind Anzeichen. Handelt es sich um eine einseitige Zystenbildung, kann man das am jeweiligen Beckenband erkennen, während das andere sich im Normalzustand befindet.

Bei sehr großen Zysten besteht die Gefahr der Nymphomanie (übersteigertes sexuelles Verhalten), man spricht von „Brüllerkühen“ und Stiersucht, da diese Tiere mit der Zeit das Verhalten von Stieren annehmen und mit den Vorderbeinen scharren.

Schließlich gibt es noch den persistierenden Follikel, welcher oft nur linsengroß ist und kein Hormon produziert, den gesamten Zyklus jedoch völlig blockiert, indem er nicht weiterwächst. Dieser wird wie alle anderen Zysten behandelt.

Therapie: Neben der entsprechenden Hormongabe **T** habe ich **immer** zusätzlich die Zyste(n) abgedrückt, da es bisweilen vorkommen kann, dass es zu einer Neubildung kommt. In diesem Fall wusste ich, dass es sich nicht mehr um die ursprüngliche Zyste handeln konnte. Es gibt aber (selten) auch Zysten, die so hart sind, dass man sie unmöglich aufdrücken kann, selbst wenn man sie mit aller Kraft gegen die Knochenkante des Beckens presst.

Dagegen hilft eine Scheidenspülung mit **Lugolscher Lösung**Ⓜ. Dafür 10 ml Lugolsche LösungⓂ in einer 100 ml fassenden Spritze mit sehr warmem Wasser vermischen und in die Vagina einbringen. Nach ca. 1 Woche lässt sich dann die Zyste problemlos aufdrücken.

Homöopathie: *Apis* (Zyste rechts), *Aurum, Lachesis* (Zyste links), *Jodum purum, Kalium bromatum* und *Bufo rana* (bei „Brummen“, Stiersucht), *Ovariumcysten-Nosode* (bei hartnäckigen Zysten).

Nachtrag

Basisöle

- Distelöl: entzündungsmindernd
- Aloe-vera-Öl: durchblutungsfördernd
- Leinsamenöl: entzündungsmindernd
- Jojobaöl: entzündungshemmend
- Kokosöl: beruhigend, kühlend bei trockener, gereizter Haut
- Olivenöl: durchblutungsfördernd, regenerierend bei trockener Haut

Spezielle Öle

- Calendulaöl (gewonnen aus der Ringelblume): wundheilend
- Hagebuttenöl: zur Nachbehandlung von Verletzungen
- Johanniskrautöl: zur Narbenbehandlung
- Karottenöl: bei trockenen Ekzemen
- Sanddornöl: entzündungshemmend, regenerierend, antiseptisch

Ätherische Öle zur Inhalation bzw. Massage

- Anisöl: bei Atemwegserkrankungen, Verdauungsstörungen
- Eukalyptusöl: bei Atemwegserkrankung
- Fichtennadelöl: bei Atemwegserkrankung
- Grapefruitöl: muskelentspannend, kühlend
- Lindenblütenöl: beruhigend, wundheilend
- Pfefferminzöl: entzündungsmindernd, kühlend
- Rosmarinöl: durchblutungsfördernd
- Teebaumöl: antibakteriell, hautberuhigend
- Wacholderöl: schmerzlindernd bei Gelenksbeschwerden

Herstellung von Kräuterölen

Zwei gute Doppelhände voll frisch geernteter Blüten bzw. Kräuter in ein großes Glasgefäß füllen. Die Kräuter müssen Platz haben und dürfen nicht zu dicht liegen. Die Füllmenge beträgt bei frischen Kräutern zwei Drittel, bei getrockneten Kräutern ein Drittel. Das Ganze mit einem Basisöl nach Wahl (z. B. Olivenöl) völlig bedecken.

Anschließend 3 Tage lang mit einem Geschirrtuch abdecken, danach mit einem Deckel verschließen und an einen hellen, sonnigen Ort platzieren. Nach ca. 6 Wochen durch ein Leinentuch abseihen und für die Haltbarkeit in eine dunkle Flasche umfüllen.

Tinktur

Zubereitung: Die oben genannte Kräutermenge mit 38–40%igem Alkohol (z. B. Doppelkorn) versetzen und täglich 1 x gut durchschütteln. Nach 6 Wochen ist der Extrakt fertig.

Salben

Früher wurden als Grundlage Melkfett, Schweineschmalz oder Hühnerfett benutzt. Heute verwendet man besser Bienenwachs oder Kakaobutter. Als Emulgator kommen Lanolin und Lecithin in Frage.

Grundrezept für 100 g Salbenbasis

- 30 ml Öl (z. B. kalt gepresstes Olivenöl, Rapsöl, Sonnenblumenöl)
- 4 g Lanolin
- 10 g Bienenwachs

Mit den eigentlichen Heilölen wird dann auf das entsprechende Volumen ergänzt!

Öl und Bienenwachs gemeinsam erhitzen. Sobald sich das Wachs aufgelöst hat, das Lanolin hinzufügen. Danach kann man, je nach Indikation, Homöopathika, ätherische Öle und Kräuteröle/-tinkturen Ihrer Wahl untermischen.

Wundsalbe

- 50 ml Calendulaöl
- 30 g Lanolin
- 30 ml destilliertes Wasser

- 20 ml Johanniskrauttinktur
- 10 g Zinkoxid (aus der Apotheke)
- 2 hitzebeständige Glasbehälter

In einen der Glasbehälter werden das Calendulaöl und das Lanolin eingefüllt, in den zweiten das Wasser mit der Johanniskrauttinktur. Beide Gefäße werden auf ca. 60 °C erhitzt. Danach wird die Wasserphase unter ständigem Rühren in die Ölphase eingerührt. Mittels Teesieb das Zinkoxidpulver hinzugeben. Nach dem Abkühlen in eine Cremedose füllen und an einem kühlen Ort aufbewahren.

Verstauchungssalbe

- 20 g Bienenwachs
- 10 ml Beinwellöl
- 10 ml Rosmarinöl
- 10 ml Kampferöl
- 10 ml Eukalyptusöl

Konstitutionstypen der Rinder

Es ist auf jeden Fall hilfreich, den individuellen Charakter seiner Kühe zu kennen. Vor allem bei homöopathischen (Zusatz-)Behandlungen kann das entsprechende Konstitutionsmittel (gebräuchliche Potenz *C200*) eine wertvolle und behandlungsverkürzende Wirkung entfalten.

Die wichtigsten **Konstitutionstypen** sollen nachstehend angeführt werden:

Aurum: Kräftige Rinderrassen (z. B. Angus), im Stiertyp. Rascher Wechsel von ruhig zu aggressiv und angriffslustig gegen Mensch und Tier! Futterwerfen ist ein Ausdruck davon! Neigen zur Resignation und rascher Selbstaufgabe, z. B. nach vergeblichen Aufstehversuchen.

Körperliche Schwachstellen: Große Anfälligkeit für (rezidivierende) Eierstockzysten (Brüllsucht), Gebärmuttervorfall und Ödeme.

Konstitutionsmittel: Aurum

Calcium carbonicum: Schwere, großrahmige Tiere (vor allem die Rasse Fleckvieh), gemütlich, aber empfindlich gegen Neues (z. B. Melkerwechsel), suchen gerne Kontakt, lieben Sonne und Wärme und danken es mit einer hohen Lebensleistung.

Körperliche Schwachpunkte: Stoffwechsel- und Verdauungsprobleme, Bindegewebsschwäche im Alter, Hauterkrankungen.

Kälber entsprechen oft dem *Calcium-carbonicum*-Typus!

Konstitutionsmittel: Calcium carbonicum

Calcium phosphoricum: helle, hochaufgeschossene, schlanke Tiere, hohe Milchleistung, übersensibel und schreckhaft (reagieren bei Aufregung gerne mit Durchfall), unruhig und hyperaktiv, schnell reizbar, empfindlich gegen Geräusche, Kälte und Zugluft.

Körperliche Schwachpunkte: häufig Milchunverträglichkeit der Kälber, Erkältungsneigung, Klauenprobleme, Hang zu subklinischen Euterentzündungen (Zellgehalt).

Konstitutionsmittel: Calcium phosphoricum (eignet sich auch hervorragend zur Prophylaxe gegen Milchfieber und als Zusatzbehandlung beim Festliegen nach der Geburt durch Phosphormangel)

Graphites: Schwere, grobknochige, korpulente Tiere mit behäbigem Gehabe, neigen zur Fettleibigkeit, sind überaus gefräßig, vom Verhalten her aber zutraulich. Wirken oft unentschlossen und zögerlich (z. B. im Melkstand oder am Transportanhänger).

Körperliche Schwachpunkte: Schlechtes, brüchiges Klauenhorn, Anfälligkeit für Limax ►►, Verdauungsstörungen (Verstopfung, Durchfall), schwache Funktion der Eierstöcke, Hauterkrankungen (rissige Zitzen), nässende, stinkende Absonderungen, schlechte Wundheilung.

Konstitutionsmittel: Graphites

Lycopodium: Unproportionierter Körperbau mit schwach bemuskelter Hinterhand, schmaler Kopf, strenger Gesichtsausdruck, aber wacher, aufmerksamer Blick. Leicht gestresster, angespannter Eindruck. Wenig weiblicher Charme, Neigung zu Hängeeutern, wirkt älter als das tatsächliche Alter. Kein Schmusetier! Leicht erregbar, launisch, aber neugierig. Hohe Milchleistung, wählerisch beim Futter, Abwehr bei körperlicher Annäherung (z. B. bei Untersuchung, Künstlicher Befruchtung oder Verabreichung von Medikamenten).

Körperliche Schwachpunkte: Fruchtbarkeitsprobleme (Zyklusunregelmäßigkeit, Zysten), empfindliche Klauen, Neigung zu Blähungen und Koliken.

Konstitutionsmittel: *Lycopodium clavatum* (ist auch ein Hauptmittel in der Potenz *D30* bei Lebererkrankungen wie Ketose ►►)

Natrium muriaticum: Körperbau eher hager, Kopf schmal, dünner Hals, Hörner oft nach unten gerichtet, spröde Klauen, Haut und Fell trocken, wenig Glanz. Gute Milchleistung. Das eigenwillige Verhalten zeigt ein unberechenbares Temperament, das Tier wirkt nervös und empfindlich, mag keine Zuwendung, ist mehr ein Einzelgänger. Sehr nachtragend! Besonders charakteristisch ist die Abneigung gegen ein bestimmtes Geschlecht (Bäuerinnenkuh!). Liebt eher die Kühle und hat großes Verlangen nach Wasser und Salz (Lecksucht).

Körperliche Schwachpunkte: Hitzeunverträglichkeit, Klauenprobleme, geräuschempfindlich, Neigung zu chronisch dünnflüssigem Kot, Euterödemen und Euterschenkelekzemen.

Konstitutionsmittel: Natrium muriaticum

Nux vomica: Hagere Tiere, schnell und aktiv, dabei angespannte Körperhaltung und nervöse bis aggressive Ausstrahlung. Leichte Reizbarkeit, oft boshaftes Verhalten (schlägt Melkzeug weg). Hastige Fresser, die Nachbartiere wegstoßen.

Hochleistungskühe! Werden bei Annäherung unruhig, dulden keine Kopfberührungen und Personen, die hinter ihnen stehen. Kälteempfindlich! Eignung zur Leitkuh!

Körperliche Schwachpunkte: Neigung zu Koliken, Krämpfen. Anfällig für Festliegen! Futterempfindlichkeit.

Konstitutionsmittel: *Nux vomica* (ist ein Hauptmittel bei Lebererkrankungen und Symptomen, die auf Futterwechsel, Futterunverträglichkeit, Überfütterung beruhen)

Phosphorus: Feingliederige, hochgeschossene Tiere, lange dünne Beine, schmale Brust, feines glänzendes Fell (oft rötlich), gute Milchleistung, Euter kompakt und hochansitzend. Waches Gehabe, aber schreckhaft bis zur Panik. Können sehr jähzornig sein. Kopfscheue! Wetterfühligkeit und sensibel gegen Umwelteinflüsse (Lärm, Gerüche). Wenig mütterliche Hingabe zum Kalb. Liegt vorwiegend auf der rechten Körperseite.

Körperliche Schwachstellen: Rasche Erschöpfung, neigt zum Milchausrinnen vor dem Melken. Aufgrund des hohen Stoffwechsels (Milchproduktion) anfällig für Acetonämie ►, Milchfieber ►, Fruchtbarkeitsstörungen wie Brunstlosigkeit etc.

Konstitutionsmittel: *Phosphorus*

Pulsatilla: Hübsches Tier mit sehr weiblicher Ausstrahlung, macht immer einen gepflegten Eindruck. Besitzt prinzipiell ein freundliches Wesen, kann aber bisweilen äußerst launisch bzw. „zickig" sein. Reagiert sensibel auf Stimmungen. Sucht Kontakt zu Artgenossen und Menschen, die sie oft „klettenartig" bedrängt. Setzt sich gerne in Szene, indem sie erhöhte Liegeplätze auf der Weide einnimmt. Stark ausgeprägter Mutterinstinkt, brüllt nach dem Absetzen des Kalbes noch lange nach. Deshalb Vorsicht beim Trennen der beiden Tiere.

Körperliche Schwachstellen: Beschwerden der weiblichen Geschlechtsorgane, Fruchtbarkeitsprobleme, häufige Fehllagen des Kalbes bei der Geburt oder Gebärmutterdrehungen. Anfällig für erhöhten Zellgehalt der Milch.

Konstitutionsmittel: *Pulsatilla* (auf Deutsch Kuhschelle genannt, ist auch in der Humanhomöopathie und Pflanzentherapie ein typisches Frauenmittel)

Tipp!
Bei rechtzeitiger Feststellung (Ultraschall) einer Frucht mit z. B. Hinterend- oder Querlage kann man mit *Pulsatilla*gaben eine normale Geburtsstellung erreichen!

Sepia: Rinder, die dem Sepia-Typus entsprechen, haben eher dunkle Fellfarbe und einen grobknochigen, großen Körperbau von eckiger Statur. Auffallend sind die Stirnhaare, die sorgfältig nach vorne gekämmt scheinen. Der Nasenrücken ist lang, gerade und schmal. Ihr Verhalten ist recht unterschiedlich und kann von gleichgültig sofort ins Zornige überwechseln. Distanzieren sich gerne etwas von den Herdengenossinnen, im Gefühl der Bedrängnis können sie unberechenbar werden. Dulden keine Berührungen des Kopfes und Zuwendungen, selbst im Krankheitsfall. Eine abgetrennte Box ist ihnen lieber. Ihr stolzes Gehabe verleiht ihnen die Eignung zur Leitkuh. Ihre Dominanz lässt sie auch häufig als Störenfriede im Stall auftreten. Bespringen andere Kühe auch außerhalb der Brunst. Junge Sepia-Kühe sind immer unter den „Ersten", mit zunehmendem Alter und Geburtenanzahl jedoch vermitteln sie einen erschöpften, schlaffen Eindruck. Aufgrund ihrer Ich-Bezogenheit lehnen sie oft das neugeborene Kalb ab (immer Sepia-Typ!).

Körperliche Schwachpunkte: Schwaches Bindegewebe, welches mit zunehmendem Alter zu Hängeeutern, Gebärmutterdrehungen, Scheiden- und Uterusvorfällen führen kann. Neigung zur Senkscheide. Die Haut verliert an Elastizität und kann bei schlechtem Stallklima mit Juckreiz und anderen Erscheinungen reagieren. Aufgrund der Bänderschwäche treten auch vermehrt Gelenks- und Bewegungsbeschwerden auf wie Steifheit in der Bewegung und beim Aufstehen.

Konstitutionsmittel: Sepia officinalis

Silicea: Feingliederige, hübsche Tiere mit geringer Muskelausbildung, die oft einen mageren Zustand simuliert. Das Fell ist glatt und dünn, meist von heller Farbe und wirkt auffallend sauber. Ein häufiges Merkmal ist die X-Beinigkeit der Vordergliedmaßen, auch bei Kälbern! Der Charakter ist zurückhaltend, unsicher, daher leicht erschreckbar und oft auch nervös. Bei gutem Zureden kommt es aber bald wieder zur Beruhigung. Berührungsscheu, liebt den Umgang mit vertrauter Umgebung und Menschen, gute Milchleistung. Sehr kälteempfindlich!

Körperliche Schwachpunkte: Schlechte Futterverwerter bei gutem Appetit, schwaches Immunsystem (Erkältungen, Mastitis, Zellgehalt), Neigung zu Hauterkrankungen (Pilze), schlechtes Klauenhorn mit Erkrankungen wie

Sohlengeschwüre ▶▶, Limax ▶▶, Panaritium ▶▶, Mortellaro ▶▶. Kälber können zu „Kümmerern“ werden!

Konstitutionsmittel: Silicea

Sulfur: Diese Kühe sind körperbaumäßig nicht eindeutig zuzuordnen. Entweder sind sie hochgeschossen und knochig oder kräftig, gut genährt und robust.

Das typische Merkmal jedoch ist der Dreck! Sulfurrinder lieben geradezu den Schmutz und scheinen ihn anzuziehen. Das Hinterteil ist kurz nach der Reinigung wieder stark verkrustet, gerne liegen sie mit dem vorderen Körperteil in der Box, mit dem Hinterteil jedoch draußen auf dem Spaltenboden. Dadurch macht das Fell immer einen ungepflegten Eindruck, ist struppig und stumpf. Absonderungen und Ausdünstungen haben einen üblen Geruch.

Häufig ist unter dem Sulfurtyp die Untugend des „Ansaugens“ einer Artgenossin zu finden. Er sucht die Aufmerksamkeit und den Zuspruch einer vertrauten Person und den Kontakt zu einer bestimmten Artgenossin. Sehr temperamentvoll, fast verspielt. Hochgradig wasserscheu! Wehrhaft, aber nicht aggressiv! Abneigung gegen Wärme, sucht stets kühle Orte.

Körperliche Schwachpunkte: Hautprobleme, wie Warzen, Pilzbefall, Ekzeme, Neigung zu Hefemastitis, Neigung zu Phlegmonen. Anfälligkeit der Klauen, Trockenheit der Schleimhäute.

Konstitutionsmittel: Sulfur

Stallapotheke

Eine Stallapotheke sollte folgende Sachen beinhalten:

- Buchenholzteer ►►
- Desinfektionsmittel (haut- und schleimhautverträglich für Wunden und Geburtshilfe)
- Eichenrindenpulver ►►
- Fieberthermometer
- Heidelbeeren ►► (getrocknet und pulverisiert)
- Honig
- Phlegmonesalbe ►►
- Schwedenbitter (am besten selbst angesetzt!)
- Weinflasche ►► (langhalsig, zum Ausstülpen der Gebärmutterhörner nach einem Uterusvorfall)
- Wundsalbe (z. B. Rosenwurz, beugt Bildung von „Wildem Fleisch“ vor. Besonders wichtig beim Pferd), Ringelblume
- Zugsalbe ►► (z. B. Lärchpech)
- eventuell Verbandsmaterial (Mullbinden): Ich habe selbst selten Verbände angelegt (die Wunde schwitzt darunter), sondern die offene Behandlung mit Luftzufuhr bevorzugt.

Zusätzlich sollten vorhanden sein:

- Geburtsstricke, 2 Stück + 2 Griffhölzer
- wenn möglich, ein mechanischer Geburtenhelfer
- KEIN Flaschenzug!

Homöopathische Mittel

Apis mellifica: entzündliche Ödeme
Argentum nitricum: Angstzustände, Milchhochziehen bei Erstlingskühen
Aristolochia clematis: Brunstmittel (fehlende bzw. zu schwache Brunst)
Arnica montana: Verletzungen, Überanstrengungen
Arsenicum album: Kälberdurchfall, Stärkungsmittel
Avena sativa: Regenerationsmittel nach schweren Erkrankungen

Belladonna: alle Entzündungen, Fieber, Schmerzen
Bellis perennis: Blutungen (z. B. nach Geburt), Neigung zu Nachgeburtsverhalten
Bryonia dioica: Entzündungen, die positiv auf starken Druck und Wärme reagieren.

Calcium carbonicum: Konstitutionsmittel ►, vor allem bei Neugeborenen schwerer Rassen
Calcium fluoratum: Neugeborene und Jungtiere mit Gelenks-Sehnenschwäche
Calcium phosphoricum: wichtiges Mittel bei Milchfieber und Festliegen durch Phosphormangel. Kann auch zur Vorbeugung gegeben werden
Calendula: bei schlecht heilenden Wunden. Auch als Salbe verwendbar
Cantharis: Verbrennungen
Carduus marianus: wichtiges Lebermittel!
Caulophyllum: Muttermundenge, Vorbereitung auf die Geburt
Causticum: Schluckunvermögen bei Neugeborenen (Schlundlähmung bei Weißfleischigkeit ►), Verbrennungen (auch lokal anwendbar)
Chamomilla: Konstitutionsmittel ►, Milchausrinnen
China: Wichtiges Mittel bei Schwächezuständen nach Flüssigkeitsverlust
Colchicum autumnale: wässerige Durchfälle mit Afterzwang
Crotalus horridus: septische Wunden, Klauengeschwüre

Drosera: Krampfhusten, besonders nachts

Euphrasia: Augenentzündung

Flor de Piedra: wichtiges Lebermittel, alle Reaktionen sind verlangsamt
Fraxinus americanus: Scheidenvorfall ►

Gelsemium: wichtiges Mittel bei allen Lähmungen
Graphites: Konstitutionsmittel ►, Hauterkrankungen, Ekzeme

Hamamelis: dunkle, passive Blutungen (Nase)
Hepar sulfuris: wichtiges Mittel bei allen Eiterungen
Hypericum perfoliatum: Nervenschädigungen

Kalium carbonicum: Ödeme

Kreosotum: nekrotisierende, eitrig-jauchige Prozesse (Geburtsverletzung, Limax ►►)

Lachesis: Entzündungen mit Blutvergiftungsneigung (Euter, Gebärmutter)
Ledum palustre: Stichwunden aller Art (Insekten, Gabel, Nagel, Aststümpfe)
Lycopodium: wichtiges Lebermittel

Mercurius solubilis: Hornhautentzündung, Zahnfleischbluten
Mercurius sublimatus corrosivus: Hornhautentzündung mit Geschwürbildung
Millefolium: bei hellroten Blutungen

Natrium muriaticum: Anämie nach Säfteverlust
Nux vomica: Lebermittel! Bei Verdauungsstörungen (Verstopfung, Pansenschwäche)

Opium: Darmverschluss, Darmlähmung, Gehirntrauma (Benommenheit nach Steinschlag, Absturz)

Phosphorus: Konstitutionsmittel ►►, Angstzustände, Blutungen aller Art, Festliegeprophylaxe bei Milchkühen
Phytolacca decandra: Steigerung der Milchleistung (*D6* bis *30*), Trockenstellen (*D1*)
Plumbum aceticum: Verstopfung
Podophyllum: gussartige Durchfälle
Pulsatilla: Brunstmittel, Nichttrinken bei Neugeborenen
Pyrogenium: infizierte Wunden mit fauligem Geruch, Sepsis

Rhus toxicodendron: Muskel-Gelenks-Bänder-Sehnenschwäche (besonders Hinterextremitäten)
Ruta graveolens: Beeinträchtigung des Bewegungsapparates durch einen stumpfen Stoß, Schlag bzw. Quetschung, Sehnenzerrung

Sabina: Gebärmuttertonikum (Nachgeburtsverhalten, Entleerung des pathologischen Inhaltes)

Silicea: Konstitutionsmittel ►►, chronische Eiterungsprozesse, Narbenwucherungen, Verbesserung der Klauenhornqualität

Sulfur: Konstitutionsmittel ►, Hauterkrankungen (Ekzeme, Eiterungen)
Symphytum: Verletzung von Knochen, Beinhaut, Bänder, Sehnen und Muskeln

Tarantula cubensis: Abszesse, Geschwüre, Phlegmonen, Limax, Kuhpocken
Tellurium: bei Haarausfall nach Durchfallerkrankungen der Kälber

Urtica urens: Nesselsucht mit Bläschenbildung, Allergien, Erhöhung der Milchmenge (*D1*), Verringerung der Milchmenge (Trockenstellen, *D30)*

Zincum metallicum: Muskelkrämpfe, Zittern

Nosoden

Bei Nosoden handelt es sich um homöopathische Präparate aus krankhaften Geweben oder bestimmten Erregern, die dann beim Vorliegen der entsprechenden Indikation eingesetzt werden.

Ich selbst habe Nosoden nur selten gebraucht, sie sollen der Vollständigkeit halber aber auch erwähnt werden. Nosoden können in Verbindung mit anderen homöopathischen Mitteln versucht werden bzw. auch für sich allein angewandt werden.

- *Kryptosporidien-Nosode*:
  bei vermehrt auftretenden Kryptosporidienfällen ► im Stall als Prophylaxe
- *Ovarialzysten-Nosode*:
  bei hartnäckigen Eierstockzysten
- *Rota-/Corona-Nosode und E. Coli-Nosode*:
  als Prophylaxe
- *Staphylokokken-Nosode* und/oder *Streptokokken-Nosode*:
  bei chronisch erhöhtem Zellgehalt in der Milch